언제든 손님이 찾아와도 걱정 없는

무인양품 심플 수납법

언제든 손님이 찾아와도 걱정 없는
무인양품 심플 수납법 (원제: シンプル収納のスタイル&メソッド)

1판 1쇄 2016년 5월 1일
    2쇄 2016년 8월 30일

지 은 이 학연출판사 편집부
옮 긴 이 노경아

발 행 인 주정관
발 행 처 북스토리라이프
주   소 경기도 부천시 원미구 길주로 1 한국만화영상진흥원 311호
대표전화 032-325-5281
팩시밀리 032-323-5283
출판등록 2016년 3월 8일 (제387-2016-000012호)
홈페이지 www.ebookstory.co.kr
이 메 일 bookstory@naver.com

ISBN 979-11-957611-0-4 13590

※잘못된 책은 바꾸어드립니다.

이 도서의 국립중앙도서관 출판시도서목록(CIP)은 서지정보유통지원시스템 홈페이지
(http://seoji.nl.go.kr)와 국가자료공동목록시스템(http://www.nl.go.kr/kolisnet)에서
이용하실 수 있습니다.(CIP제어번호: CIP2016006831)

동시대의 감성과 지성을 담아내는 **북스토리**(주) 출판 그룹

북스토리 | 문학, 예술, 만화, 청소년, 어학
북스토리아이 | 유아, 어린이, 학습
북스토리라이프 | 취미, 요리, 건강, 실용
더좋은책 | 교양, 인문, 철학, 사회, 과학

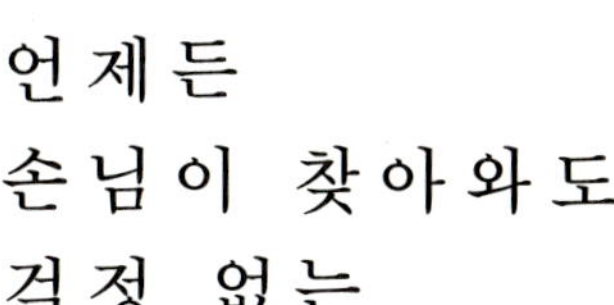

언제든
손님이 찾아와도
걱정 없는

무인양품
심플
수납법

학연출판사 편집부 지음
노경아 옮김

북스토리
Life

필요한 물건을 모두 갖추었으면서도 언제나 깔끔한 생활공간.

그런 쾌적한 삶을 실현한 고수들의 수납법을 이 책에 꾹꾹 눌러 담았습니다.

인테리어는 취향대로 보기 좋게! 수납은 최대한 효율적으로!

자신과 잘 맞는 수납법만 찾는다면 지금보다 훨씬 멋진 생활을 누릴 수 있습니다.

차 례

Part 1
수납 전문가의 심플한 생활공간

Part 1

수 납   전 문 가 의
심 플 한   생 활 공 간

잘 정돈된 집에서 심플한 삶을 즐기는

정리 수납 전문가 5명의 집을 방문했다

한정된 공간에서 수납 효율을 극대화한

전문가의 비법을 소개한다

언제 손님이 찾아와도 자신 있게 맞을 수 있을 만큼
깔끔한 공간. 가구는 흰색으로 통일되어 있다.

01

우스이 가즈코

색을 통일하여
심플하지만 고급스럽게 연출한다

**갑자기 손님이 들이닥쳐도 괜찮을 만큼
완벽한 수납 상태를 항상 유지**

매달 집에서 정리 수납 강의를 하고 있는 우스이 씨. 기능적이면서도 아름다운 수납의 현장을 직접 볼 수 있다는 이유로 이 강좌를 찾는 사람이 많다.

"언제든 남에게 보여줄 수 있어야 한다는 생각으로 심플하지만 고급스러운 공간을 만들려고 노력합니다. 또 가구나 소품뿐만 아니라 수납용품까지도 흰색, 은색, 투명색으로 통일해서 여러 가지 색이 뒤섞이지 않도록 고려하지요."

그녀는 특히 무인양품의 아크릴 케이스를 즐겨 쓴다. 투명한 용기를 활용한 '보여주는 수납'에 최적이기 때문이다. 또한 요리 순서에 맞춰 큼직한 볼을 차례차례 수납하거나, 작은 접시와 젓가락을 주방이 아닌 식당에 두는 등 동선을 고려한 수납법도 눈에 띈다. 심혈을 기울여 패션 매장처럼 꾸며 놓은 아름다운 드레스룸도 인상적이다.

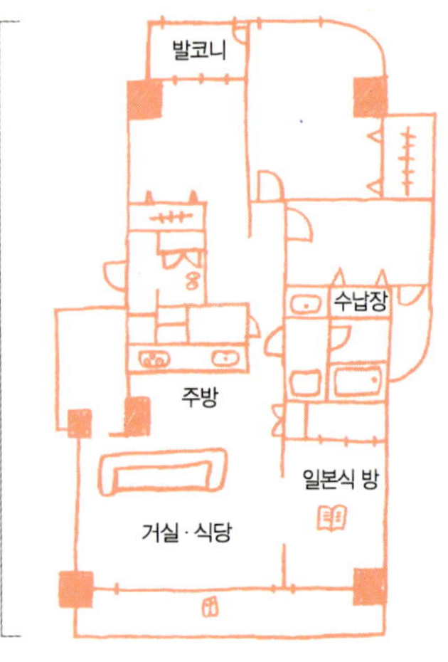

우스이 가즈코

정리 수납 전문가. 매달 자택에서 정리 수납 강의를 하고 있다. 정리 수납 컨설팅뿐만 아니라 인테리어 상담도 병행하는데, 다시 찾아오는 고객이 많다.
http://swliving.xblog.jp/

- 3인 가족(부부, 아들)
- 아파트
- 거실 · 식당 · 주방 · 방 4개, 96m²
- 건축 시기 : 23년 전

흰색을 기본으로 한 인테리어에 연두색과 흑백의 소품을 추가하여 고급스러운 분위기를 자아냈다. 물건을 최대한 줄여서 거실을 여유롭게 쉴 수 있는 공간으로 만들었다.

양면 책장을 활용한 책 수납과 장식 효과

소파 옆에 칸막이 겸용 양면 책장을 배치해 좋아하는 책을 색상별로 꽂아 수납과 동시에 장식 효과를 더했다. 이 책장은 소품을 올려놓는 장식장의 역할도 한다.

투명한 소품은 방의 악센트

유리 특유의 분위기를 좋아한다는 우스이 씨. 양초는 유리 용기에 넣어 분위기를 더하고, 거실 테이블도 유리가 들어간 것을 선택했다.

아크릴 케이스 이렇게 활용해요!

아크릴 칸막이 선반으로 카페처럼 연출

무인양품의 칸막이 선반을 활용해서 수납 용량도 늘리고 카페처럼 공간도 세련되게 연출했다. 잘 보이는 곳에 두면 남에게 자랑하고 싶은 코너가 된다.

서랍과 틀을 따로 활용

3단 아크릴 수납함의 겉 케이스는 주방 브러시 꽂이로, 내부 서랍은 홍차 보관함으로 활용한다. 그야말로 일석이조의 실용적인 아이디어다.

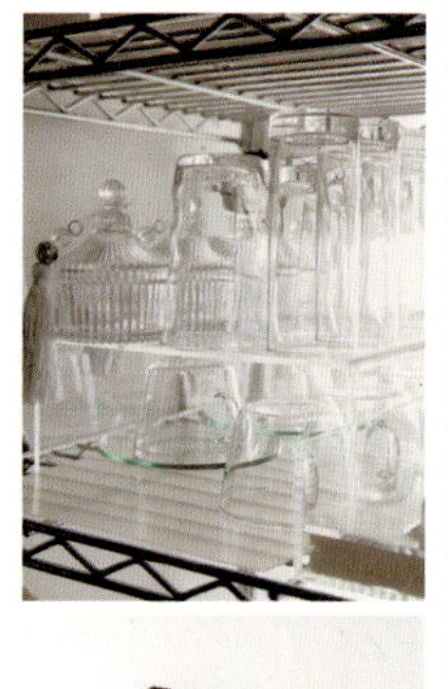

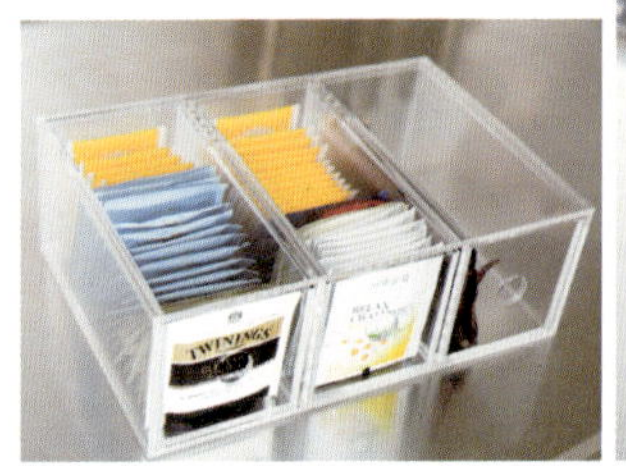

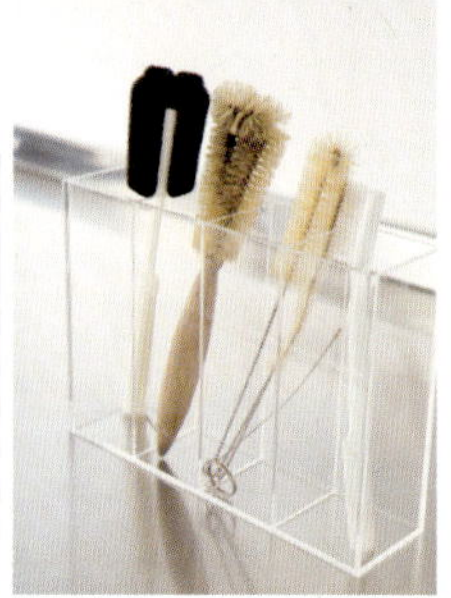

식탁용품은 한곳에 둔다

식당의 서랍장에는 작은 접시와 젓가락, 냅킨, 식탁 매트 등 식탁용품이 들어 있다. 우스이 씨는 "여기에 두어야 가족들이 자연스럽게 식사 준비를 돕거든요"라고 말한다.

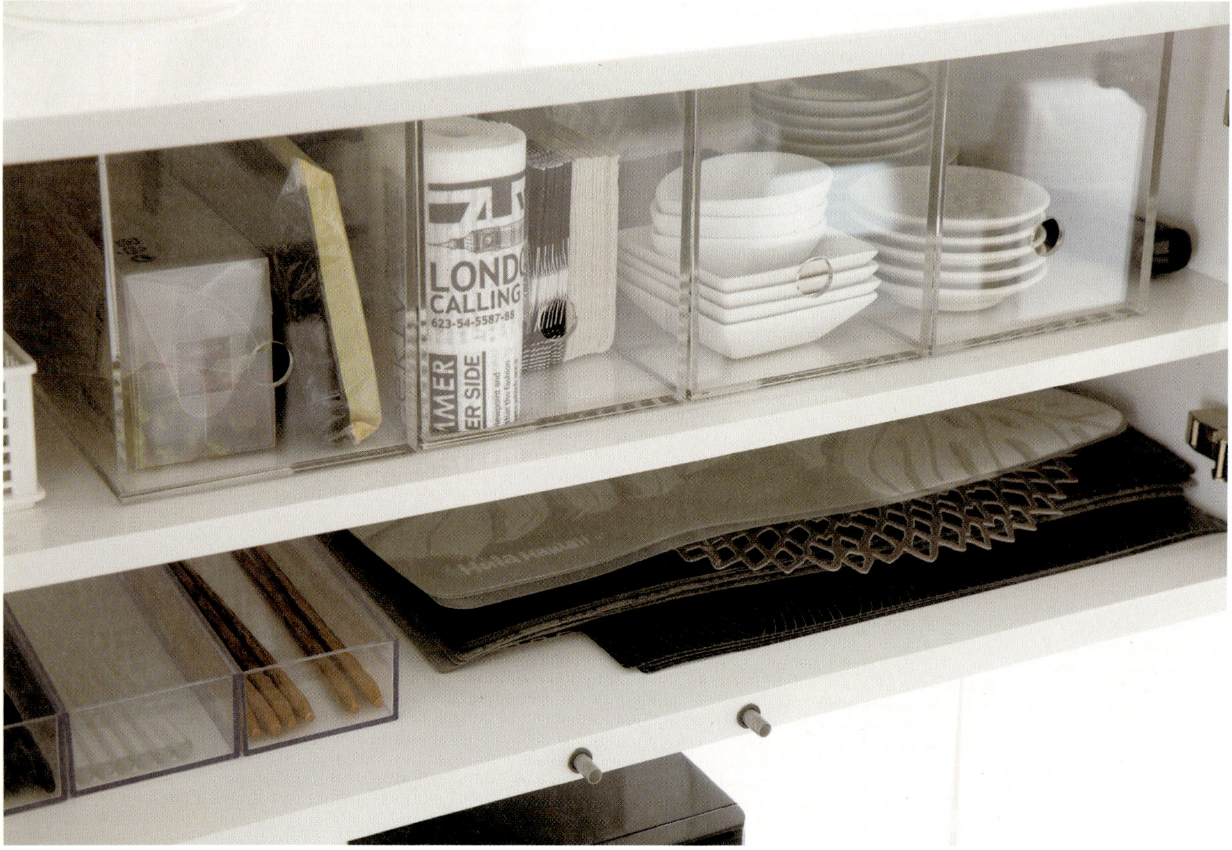

아크릴 케이스로 보이는 수납

개방형 스테인리스 수납장에는 손님용 유리 식기
가 보관되어 있다. 이렇게 아크릴 케이스를 활용
하면 한정된 공간에 많은 물건을 수납할 수 있고,
손쉽게 찾아 사용할 수 있다.

젓가락은 그날의 식탁 분위기에 따라 골라 쓴다

우스이 씨의 집에는 개인 젓가락이 없다. 대신 그
날의 식탁 분위기에 따라 세 종류 중 한 가지를 골
라 쓸 수 있도록 색깔별로 각각 담아두었다. 젓가
락은 균일가 아크릴 케이스를 활용해 수납한다.

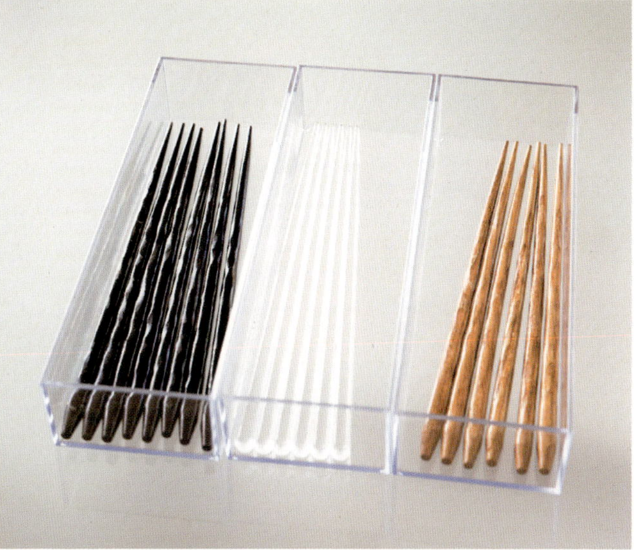

은색이나 흰색이 아닌 물건은 모두 수납장 안에
집어넣어 색이 뒤섞이지 않도록 통일감을 준다.
식기와 조리도구는 조리 동선에 맞추어 배치했
다. 마치 레스토랑의 주방 같다.

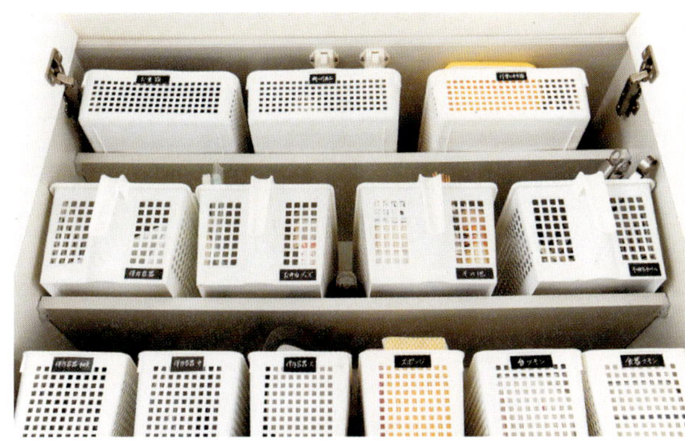

깊이가 있는 상부 수납장 안에는 바구니를 넣어 둔다

수납장의 상단은 안쪽까지 손이 닿지 않아 물건을 꺼내
쓰기가 불편하다. 균일가 바구니를 활용해 안에 넣어주
면 한 손으로도 주방용품 등을 쉽게 꺼낼 수 있다.

자주 쓰는 것만, 정해진 수량만큼 보관한다

평소에 자주 쓰는 수저 등은 적정 수량을 정해놓아 한없
이 늘어나지 않도록 주의한다. 그런 이유로 투명한 케이
스에 수납하면 한눈에 수량을 파악할 수 있어 좋다.

조리도구는 조리 순서대로 배열한다

대개의 요리가 '씻기 → 무치기 → 담아내기'로 진행되는
것을 고려하여 소쿠리, 스테인리스 볼, 유리 볼을 순서대
로 수납했다. 덕분에 요리도 빨리 끝난다.

우스이 씨의 업무 자료, 작업용품, 인테리어
잡지 등이 들어 있는 벽장. 내부는 검은색
페인트로 직접 칠했다.

우스이 씨의 수납 원칙

1 _ 인테리어는 물론 수납용품까지 색상을 통일한다.

2 _ 외부는 간소하고 아름답게, 내부는 편리하고 질서
　　정연하게 한다.

3 _ 동선과 사용 편의를 고려해 물건을 배치한다.

1 장식 소품은 은행용 상자에

가볍고 저렴한 종이 상자에는 장식용 꽃이나 소품을 넣어둔다. 약한 종이 재질이라서 무거운 물건은 보관할 수 없다.

2 이름표는 차분한 색으로

재봉용품은 이 흰색 케이스에 보관한다. 검은색 테이프로 만든 이름표에는 흰색 펜으로 손글씨를 써서 분위기를 냈다.

3 벽면을 활용하면 수납 용량이 늘어난다

벽장 속 벽에 자석 판을 걸고 수납 소품을 붙여놓았다. 이처럼 어떤 물건이든 사용할 장소에 가깝게, 제자리에 갖다놓기 쉬운 형태로 배치하는 것이 이상적이다.

4 튼튼한 상자 안에는 자료를 분류하여 보관한다

튼튼하며 잘 넘어지지 않는 무인양품의 파일 박스. 중요한 자료와 서류는 다시 분류하여 개별 서류철 안에 보관한다.

색을 통일해 넓어 보이는 일본식 방

벽면에 흰 규조토를 바르고 바닥에 류큐* 다다미를 깐 일본식 방. 현대적으로 연출하여 복고풍 피아노와도 잘 어울린다.

● 류큐(琉球) : 일본 오키나와의 옛 이름.

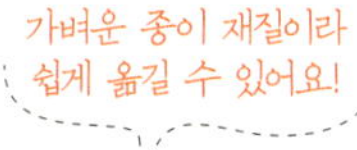

①

②

③

④

방 하나를 통째로 드레스룸으로 쓰고 있다. 아침마다 이곳에서 머리끝부터 발끝까지 외출 준비를 한다. 맞춤 제작한 이케아 옷장은 무척 좋아하는 패션 브랜드인 '유나이티드 애로우즈'의 매장을 본떠서 비슷하게 꾸며놓은 것이다. 옆에 세워져 있는 전신 거울을 보며 전체적인 스타일을 점검한다.

상하 한 벌인 정장은 테이프로 짝을 표시한다
정장의 윗옷과 바지를 옷장 위 칸과 아래 칸에 각각 걸어두었기 때문에 옷걸이에 테이프를 붙여 짝을 찾기 쉽도록 했다.

목걸이는 고르기 쉽게 걸어서 보관한다

목걸이를 봉에 걸어 보관하면 고르기도 편하고 꺼내기도 편하다. 우스이 씨는 "보석 매장의 진열대처럼 예쁘고 편리해요"라고 말한다.

1 자주 쓰는 모자는 장식을 겸하여 후크에 건다

계절별로 자주 쓰는 모자는 벽의 후크에 걸어둔다. 3개가 나란히 걸려 있으면 어쩐지 장식처럼 보인다.

2 바지 걸이로 깔끔하게 수납한다

바지는 미끄럼 방지 처리가 되어 있는 튼튼한 바지 걸이에 걸어놓는다. 모든 옷은 찾기 쉽도록 색깔별로 분류해놓았다.

3 티셔츠와 스웨터는 몽땅 서랍 속에

옷장 하단의 서랍에는 여름 티셔츠와 겨울 스웨터가 몽땅 수납되어 있다. 덕분에 계절이 바뀌어도 옷장 정리를 거의 하지 않는다.

초등학교 5학년인 아들의 방. 빨리 자립하기를 바라는 마음에서
학습용품과 의류, 장난감까지 전부 이 방에 보관하도록 했다.

1 아크릴 케이스에 수납하여 찾기 쉽게

투명한 균일가 아크릴 케이스로 서랍 속을 깔끔
하게 정돈했다. 펜도 용도에 따라 3종류로 분류
해 아이가 골라 쓰기 편하게 했다.

2 교재는 교과별로 보관한다

공부하고 싶을 때 즉시 꺼내볼 수 있도록, 교재
는 교과별 파일 박스에 보관한다. 이제 귀가하
자마자 여기에 교재를 꽂는 것이 아이의 일과가
되었다.

3 티슈 보관함은 투명 케이스로 통일한다

집 안의 모든 티슈 보관함은 무인양품의 투명
케이스로 통일했다. 남은 양을 쉽게 파악할 수
있고, 보기에도 예뻐서 마음에 든다.

4 레고 블록은 색깔별로 상자에

레고 블록을 색깔별로 따로 담았다. 덕분에 아이
는 부모의 도움 없이도 스스로 정리를 한다.

5 하나의 서랍 안에 상하의를 함께 수납한다

아이가 거는 것보다 접는 게 좋다고 해서 옷은
의류 케이스에 보관한다. 상하의가 하나의 서랍
에 들어 있다. 우스이 씨는 "이렇게 해야 코디가
편하거든요"라고 말한다.

흰색 공간 안에 자리한 우드 스타일의 식탁이 돋보인다.
미닫이문을 닫으면 주방과 거실, 식당은 독립된 공간이 된다.

02

고니시 사요

수납할 곳이 없는 물건은
사지 않는다

"눈에 거슬리는 물건이 없는 깔끔한 공간에 있으면 기분이 좋아져요. 지진을 겪고 나서는 가구와 물건이 넘어지거나 떨어지지 않는 안전한 집을 만들어야겠다는 생각도 들었고요."

시스템 수납장이 있는 고니시 씨의 거실, 식당, 주방은 수납장 문만 닫으면 물건이 거의 없는 공간이 된다. 드레스룸이 따로 있어 가족 전원이 한곳에서 옷을 갈아입는다. 물론 드레스룸도 옷장 문만 닫으면 물건이 전혀 없는 깔끔한 공간으로 변신한다.

고니시 씨는 '수납할 곳이 없는 물건은 아예 사지 않는다'를 원칙으로 삼고 있다. 그래서 물건의 양을 항상 일정하게 유지하고, 수납 공간은 내부까지 꼼꼼히 구획하여 효과적으로 활용하려고 노력한다. 케이스와 상자를 구입할 때도 쌓아 올릴 수 있는 것, 칸막이가 있는 것을 주로 선택한다.

거실에 설치한 수납장 안의 수납용품은 대부분 무인양품 제품이다. 게다가 전부 흰색. 사용 빈도가 높은 물건일수록 꺼내기 쉬운 곳에 수납하고, 공간은 일부러 비워놓아 여유를 느낄 수 있도록 했다.

1 서류를 분류하여 파일 박스에 넣고 이름표를 붙인다

점점 늘어나는 서류들은 꼼꼼히 분류하여 무인양품 파일 박스에 보관한다. 파일 박스에는 전부 이름표를 붙여 필요한 서류를 곧바로 꺼낼 수 있게 했다.

2 자주 쓰는 문구만 엄선하여 랙에 보관한다

문구는 사용 빈도별로 나누어 수납한다. 자주 쓰는 것들은 아크릴 랙에 두고 즉시 꺼내 쓸 수 있도록 했다.

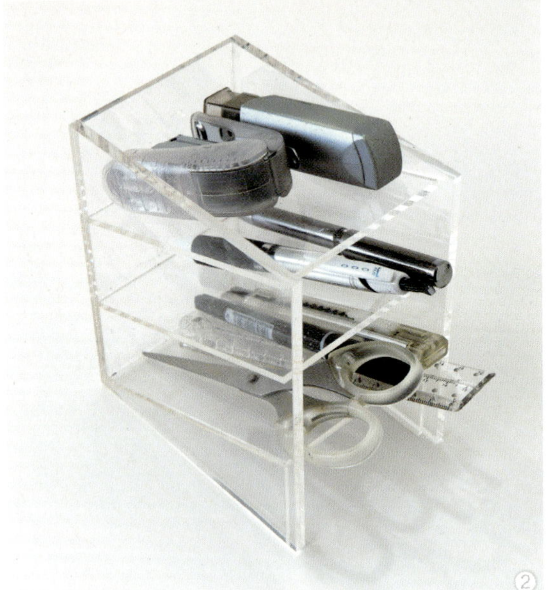

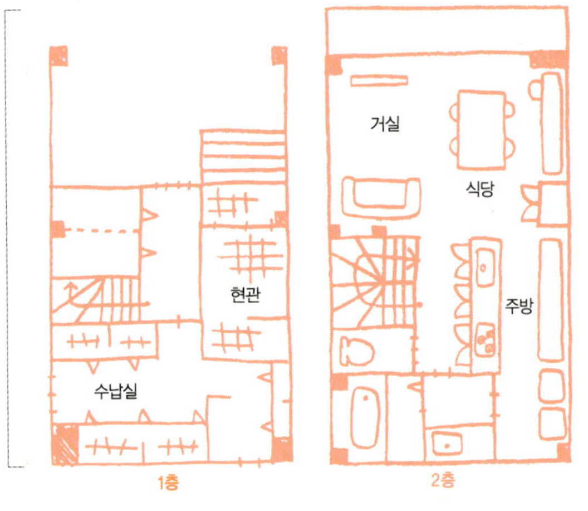

고니시 사요

자택에서 하는 강의뿐만 아니라 외부 강의도 인기리에 진행하고 있다. 저서로는 2013년 10월에 발간된 『사요 씨의 정리력을 배우는 홈 레슨(국내 미출간)』, 2014년 12월에 발간된 『사요 씨의 정리가 좋아지는 수납 교실(국내 미출간)』이 있다.
http://sayo34sayo.blog86.fc2.com/

- 4인 가족(부부, 딸 둘)
- 단독주택
- 거실 · 식당 · 주방 · 방 4개, 113㎡
- 건축 시기 : 5년 전

EPSON

주방 카운터에는 양쪽으로 수납 공간이 있어서 다리
미나 요리책, 일회용품까지 보관할 수 있다. 이처럼
집안일에 필요한 물건을 한곳에 모아두면 동선의 효
율도 높아진다.

주방 카운터 위 선반에는 카페용품을

커피, 차를 준비하는 주방 카운터에는 커피와 티백 등 카
페용품을 보관한다. 동선을 고려하여 수납장 문 안쪽에
는 커피 캡슐을 배치하고, 찻잎과 잔 받침 등은 품목별로
서랍에 수납하여 모든 준비 과정을 한곳에서 끝낼 수 있
도록 했다.

1 DIY로 완성한 슬라이드식 캡슐 수납함

홈센터에서 구입한 재료로 직접 만든 수납함. 커피 캡슐을 슬라이드식으로 넣고 뺄 수 있다.

2 용도별로 구분하여 서랍에 보관

잔 받침과 빨대는 무인양품 보관함에 딱 맞는 크기의 상품만 골라서 구입한다. 카페용품을 이렇게 꼼꼼히 나눠두면 차를 준비하기 편리하고 넣고 빼기도 쉽다.

고니시 씨의 수납 원칙

1 _ 수납할 공간이 없는 물건은 아예 사지 않는다.

2 _ 문 달린 수납 가구를 활용하여 물건이 밖으로 드러나지 않게 한다.

3 _ 수납장과 서랍 내부를 수납용품으로 구획하여 물건을 찾고 꺼내기 쉽게 한다.

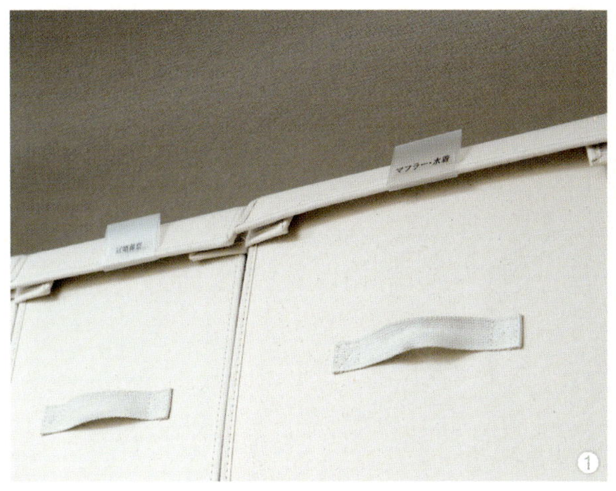

부부의 옷장과 아이의 옷장이 있는 드레스룸. 가족별로 영역을
나누어 확실히 구분한다. 옷이 전부 1층에 있는 덕분에 밖에서
묻어온 먼지가 2층 침실까지 오지 않아서 좋다.

1 계절용품과 자주 쓰지 않는 물건은 상자 안에

무인양품의 조립식 직물 상자 안에는 관혼상제용품이나
수영복, 머플러 등 가끔씩만 쓰는 물건들을 보관한다.

2 한 번 입은 옷은 의류 일시 보관함으로

청바지나 스웨터 등 세탁하기 전에 여러 번 입을 옷들은
일단 벗어서 이 바구니에 넣어둔다. 서랍이나 케이스 안
에 집어넣으면 눈에 띄지 않아서 정기적으로 세탁하기가
어렵기 때문이다.

3 소품은 투명한 액세서리 케이스에

옷과 액세서리를 전체적으로 점검할 수 있도록, 옷장 안
에 이케아 거울을 붙인 액세서리 코너를 마련했다.
귀걸이나 반지 등 소품은 무인양품의 아크릴 케이스 안
에 칸막이함을 넣어서 수납한다. 위에서 내려다보면 내
용물이 훤히 보여서 편리하다.

연두색을 포인트로 쓴
차분한 공간. 물건이 밖
에 드러나는 것이 싫어
서 쓰레기통까지 수납
장 안에 집어넣었다.

03

고미야 마리

집안일을 분담할 수 있도록
제자리를 정한다

정리도 효율적으로! 일하는 엄마의
군더더기 없는 수납 기술

정리 수납 컨설팅뿐만 아니라 정리 수납 강사로서 전국을 종횡무진 누비는 고미야 씨. 여느 일하는 엄마처럼, 그녀 역시 집안일의 효율성을 높일 아이디어를 항상 찾고 있다.

"가족들과 집안일을 분담한다면 한결 수월해지겠죠? 그래서 남편과 아이들이 스스로 집 안을 정리할 수 있도록 물건마다 제자리를 정해놓았어요."

어디에 무엇이 있는지 한눈에 알아볼 수 있도록, 서랍 속도 칸막이를 활용하여 깔끔하게 정리했다. 또 서랍 밖에는 이름표를 붙여서 내용물을 쉽게 알 수 있도록 했다.

"자잘한 물건을 수납장 안에 모두 집어넣으면 집 안을 항상 깔끔하게 유지할 수 있어요. 게다가 수납을 철저히 하면 집안일이 많이 줄어들어서 제가 일과 취미를 즐길 시간도 생긴답니다. 하지만 깔끔한 정리정돈의 가장 큰 효과는 아무래도 내가 가족에게 친절해지는 것이 아닐까요?"

선반에는 소품과 꽃을

거실 모퉁이에 마련된 장식 코너. 서랍장과
똑같은 색의 무인양품 선반을 설치했다.

다 읽은 신문을 넣어두는 파일 박스

TV 옆의 가려진 한구석에 무인양품 파일
박스를 두어 다 읽은 신문을 넣는다. 덕분에
신문이 너저분하게 널려 있지 않게 되었다.

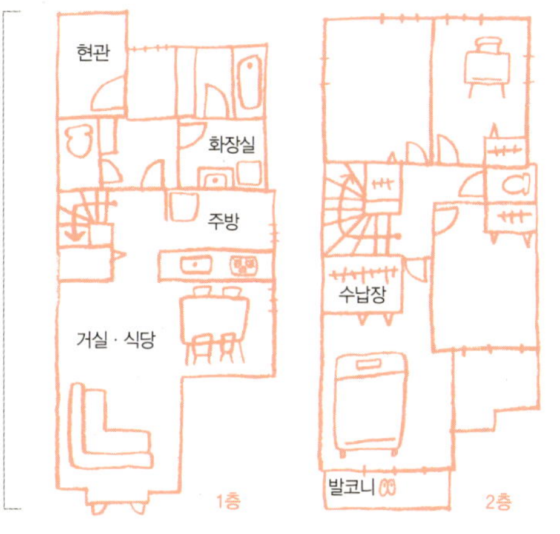

고미야 마리

정리 수납 전문가로서 수납 컨설
팅을 하며 강의도 진행하고 있
다. 기업의 수납 시스템 설계에
도 참여했다. 일하는 엄마들을
위한 수납 강좌가 특히 인기를
끌고 있다.
http://ameblo.jp/kaiteki-
marisroom

- 4인 가족(부부, 아들, 딸)
- 단독주택
- 거실 · 식당 · 주방 · 방 4개,
  102m²
- 건축 시기 : 4년 전

조리대 위에는 주전자와 양념통 말고 아무것도 없다. 모든 물건에 제자리가 있어서 주방은 항상 깔끔하게 유지된다.

1 자주 쓰는 도구만 밖에 내놓는다

레인지 옆에 인터넷에서 구입한 스테인리스 선반을 두고 가장 자주 쓰는 주전자와 양념통을 올려놓았다.

2 양념류는 예쁜 병에 옮겨 담아 깔끔하게 보관한다

분말 종류의 양념은 이케아에서 구입한 유리병에 옮겨 담아 보관한다. 이렇게 용기를 통일하면 깔끔해 보인다. 내용물을 쉽게 파악할 수 있도록 병에 이름표도 붙였다.

3 액상 양념은 파일 박스에 보관한다

병에 든 액상 양념은 무인양품의 파일 박스에 수납한다. 파일 박스는 주방에서도 쓸모가 많은 기특한 제품이다.

물기 없는 음식물 쓰레기는 서랍 속에

요리할 때 생기는 감자껍질 같은 물기 없는 음식물 쓰레기는 서랍 속의 뚜껑 달린 볼에 일단 넣는다. 그렇게 하면 냄새도 안 나고 버리기도 간편해서 좋다.

자주 쓰는 것만 엄선하여 정해진 수량만 수납한다

서랍 안의 균일가 케이스 속에는 수저 등이 가지런히 들어 있다. 평소에 자주 쓰는 수저만 엄선하여 정해진 수량만 보관하므로 서랍 속이 항상 깔끔하다.

용도별로 구분하여 보관한다

식재료는 시판되는 서류 케이스 안에 조식용, 간식용 등 용도별로 나누어 보관한다.

꼬마 손님들을 위한 가벼운 그릇은 한데 모아둔다

아이의 친구들이 놀러올 때마다 등장하는 '3COINS'의 바구니. 꼬마 손님들을 위한 화려한 색의 플라스틱 식기를 한데 모아놓았다.

자주 쓰는 그릇은 종류별로 나누어 세로로 줄을 세워 보관하면 편리하다.
"같은 곳에 같은 형태로 정리하는 습관을 들이면 아이들도 금방 배운답니다."

1 파일 박스로 모뎀 가리기

보기 싫은 검정색 모뎀은 흰색 파일 박스를 씌워서 가렸
다. 단순한 디자인의 파일 박스인데도 용도가 무척이나
다양하다.

2 무늬가 한눈에 보여서 바쁜 아침에 편리하다

이케아의 다용도 걸이에는 남편이 자주 매는 넥타이를
걸어놓았다. 무슨 무늬가 있는지 한눈에 보여서 고르기
쉽다.

3 내용물을 표시하여 정리하기 쉽도록

의류 케이스의 서랍마다 이름표를 붙여서 남편이 내용물
을 찾기 쉽게 했다.
"이렇게 조금만 신경을 써두면 정리가 편해져요."

셔츠는 색깔별로 나눠놓아 골라 입기 쉽도록 했다. 하단의 의류
케이스도 무인양품 제품으로 통일해 깔끔하게 정리했다.

부부 침실의 L자형 드레스룸에는 주로
남편의 옷이 보관되어 있다. 남편은 아침
에 여기서 외출 준비를 마무리한다.

고미야 씨의 작업실. 여유롭게 작업하기 위해
책상 위에는 되도록 물건을 두지 않고, 자주
쓰는 문구류만 연필꽂이에 꽂아놓았다.

정리 수납 강사로 일하기 때문에 정장을 자주 입는다는 고미야 씨. 새 옷을 한 벌 사면 기존의 옷 한 벌을 버리는 것을 원칙으로 정해놓고 항상 옷의 양이 동일하게 유지되도록 노력한다.

1 가방은 칸막이 스탠드로 세워서 보관한다

가방은 모양이 망가지기 쉬우므로 세워서 수납하는 것이 좋다. 무인양품 칸막이 스탠드를 이용하면 찾기 쉽게 무늬가 보이도록 세워서 보관할 수 있다.

2 벗어놓은 옷은 바구니에 일단 넣는다

이 바구니에는 한 번 입었지만 아직 세탁할 필요가 없는 옷, 시간이 없어서 정리하지 못한 옷을 임시로 보관한다. 덕분에 가족들도 옷을 아무데나 벗어놓지 않게 되었다.

3 무인양품의 직물 상자를 활용한 칸막이

의류 케이스 안에 직물 상자를 넣어 칸막이처럼 활용한다. 옷장 정리를 할 때도 직물 상자만 통째로 바꾸면 되니 무척 편리하다.

흰색과 갈색, 녹색만으로 통일된 깔끔한 거실.
자질구레한 물건이 눈에 띄지 않는, 그야말로
모델하우스 같은 공간이다.

04

이나바 하루나

손님도 한눈에 알아보고 쉽게 정리할 수 있도록 수납한다

**자연스럽게 정리정돈을 하게 만드는
누구나 한눈에 파악할 수 있는 수납법**

혼자 살 때는 정리를 너무 못해서 보다 못한 친구들이 방을 청소해줄 정도였다는 이나바 씨. 그런 그녀가 결혼 후 아이가 태어나자 확 달라졌다.

"천식에 시달리는 아이를 위해 다짐했죠. 물건을 줄여서 언제든 쉽게 청소할 수 있는 집으로 만들겠다고 말이에요. 심지어 정리 수납을 공부해서 자격증도 땄어요."

지금 사는 집은 항상 모델하우스처럼 깔끔하다. 친구가 많아서 손님이 끊임없이 찾아오는 바람에 오히려 그 깔끔함이 유지되는 것 같기도 하다.

"손님들의 편의를 생각해서, 누구나 한눈에 파악할 수 있는 수납 방식을 택했어요."

아이의 눈높이에 맞춰 수납장을 설치한 것도 인상적이다. 그 외에도 아이가 자연스럽게 정리정돈을 하게 만드는 장치도 여기저기 눈에 띈다.

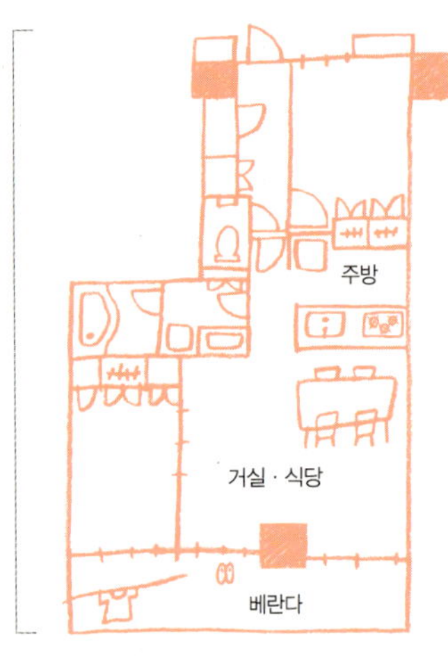

이나바 하루나

해외에서 오래 살았다는 이나바 씨는 결혼과 출산 후에 정리 수납 전문가 자격을 취득했다. 처음에는 주변 사람들에게 정리 수납 서비스를 제공하는 것으로 시작했지만, 입소문 덕분에 이제는 고객이 많아졌다. 현재 주거 공간 수납 전문가를 목표로 계속 공부하는 중이다.

- 3인 가족(부부, 아들)
- 아파트
- 거실 · 식당 · 주방 · 방 2개, 68m²
- 건축 시기 : 6년 전

좋아하는 음료를 스스로 선택하도록

해외에서 온 분들까지 포함해서, 차에 대한 손님들의 취향은 천차만별. 그래서 무엇이 있는지 한눈에 파악할 수 있는 음료용 서랍을 만들어 손님 스스로가 좋아하는 차를 고르도록 했다.

카페처럼 아름답게 꾸며진 수납 공간

티백은 무인양품의 아크릴 케이스에 수납한다. 종류별로 세세하게 나누어 수납할 수 있어서 무엇이 있는지 한눈에 들어오는 것이 장점이다.

컬러 테이프로 물건별 수납 장소를 표시한다
인터넷에서 구입한 비밀 기지 같은 놀이
공간 '피콜로 카 텐트'. 텐트 안에는 그림
책과 장난감이 가득하다. 수납함에 빨강,
파랑, 노랑 테이프를 붙인 뒤 그 속에 꽂을
책에도 같은 색 테이프를 붙여놓았다. 덕
분에 아이도 쉽게 책을 정리할 수 있다.

혼자 요리하는 게 싫어서 원래 설계도에 있었던 싱크대 위
상부장을 없애고 서로 대화할 수 있는 주방으로 만들었다.
그러고 나니 집 안도 한층 밝아졌다.

봉에 걸어서 수납

냉장고 옆에 봉을 달고 주방용 장갑과 고무장갑, 행주 등을 걸어두었다.

"언제든 한 손으로 꺼낼 수 있어서 편리해요."

투명 케이스를 활용하여 서랍 속을 깔끔하게

종이 접시, 냅킨 등은 투명 케이스에 보관한다. 갑자기 손님이 들이닥쳐도 이 케이스만 꺼내놓으면 금세 상을 차릴 수 있다.

무인양품의 랩 수납함으로 보기 좋게

랩과 포일 등은 무인양품의 랩 수납함에 보기 좋게 수납한다. 수세미 등도 정리 상자에 넣어 보관한다. 색깔이 통일되어 한결 깔끔해 보인다.

아이가 간식을 선택할 수 있는 재미 박스

작은 과자를 종류별로 컵과 박스에 담아서 아이에게 3개를 고르게 하고 있다. 아이는 고르는 재미에 푹 빠졌다!

도시락용품은 정리 박스에 묶어서

자잘한 도시락용품은 무인양품의 정리 박스에 묶어서 수납한다. 바쁜 아침에 빨리 만들 수 있어 좋다.

자주 쓰는 컵은 일부러 밖으로 빼서 쓰기 쉽게!

자주 쓰는 컵만 싱크대 위에 올려두면 카페 같은 분위기로 바뀐다.

독신 시절부터 정리정돈을 좋아해서 무인양품을 애용해온 남편의 작업 공간.

1 비상용품은 손닿는 범위 안에 보관한다

손전등, 안경 등 비상용품이 들어 있는 흰색 케이스는 언제든 손이 닿을 수 있는 곳에 둔다.

2 넣고 빼기 편한 종이 상자를 활용한다

업무 자료 등을 보관하는 파일 박스는 가볍고 다루기 쉬운 골판지 재질로 선택했다.

3 남편의 소품은 종류별로 나누어 케이스에

손수건과 멜빵 등도 종류별로 나누어 케이스에 보관한다. 덕분에 필요한 물건을 일일이 찾지 않고도 멋지게 차려입을 수 있다.

4 유치원 갈 준비도 서랍 하나면 끝!

체육복, 손수건, 양말 등 유치원에 갈 때 필요한 물건을 여기에 모아놓았다. 아이의 옷은 아이의 눈높이에 맞춰 걸려 있다.

5 집에 오면 바구니에 가방부터 넣는다

아이는 "다녀왔습니다!" 하고 인사하자마자 이 바구니에 가방과 모자를 넣어 정리한다. 이제 아이도 정리정돈이 습관이 되어 스스로 정리한다.

이나바 씨의 수납 원칙

1 _ 깔끔한 수납을 지향할지, 편리성을 우선할지 선택한다.

2 _ 아이들 물건은 부모 기준으로 수납하지 않는다.

3 _ 테마 색상을 정해 공간에 통일감을 부여한다.

고양이와 나비 모양의 벽 스티커를
포인트로 붙인 거실의 흰 벽.
휑해 보였던 벽을 장식하니 전체적
으로 따뜻한 분위기가 느껴진다.

05

오가사와라 가오리

DIY를 더해 사랑스럽고 기능적으로 수납한다

**보이는 곳은 멋지게 장식하고
숨겨진 곳은 편리하게 쓰는 수납 원칙**

"거실에 물건을 내놓지 않으려고 전용 수납장 안에 서류, 청소 도구, 약품까지 수납해요. 한눈에 내용물을 파악할 수 있도록 서랍에는 전부 이름표를 붙였고요."

이름표는 알록달록한 마스킹 테이프를 활용하여 귀엽게 꾸미고, 벽면도 특기인 DIY로 개성 있게 연출했다. 오가사와라 씨는 이런 감각을 살려 홈스타일리스트로도 활약하고 있다.

"제 원칙은 보이는 곳은 멋지게 장식하고, 숨겨진 곳은 편리하게 쓰는 거예요. 그러면 생활이 훨씬 더 즐거워지니까요."

1 넣고 빼기 편리한 방식으로 수납한다

서류 수납에는 이케아의 파일 박스가 필수품. 현재 사용하는 서류가 들어 있는 파일 박스만 내용물이 보이도록 돌려놓고, 다른 파일 박스는 깨끗한 앞면이 보이도록 꽂아놓았다.

2 바로 써야 할 서류는 책상 위에 임시로 보관한다

아이의 가정통신문, 업무 관련 영수증이나 자료 등은 이케아에서 구입한 서류 받침에 일단 보관한다. 빨리 처리해야 할 문서를 잠시 보관하기에 편리하다.

3 여닫기 편리한 서랍 케이스를 활용한다

우표나 편지지 등은 무인양품의 서랍식 폴리프로필렌 케이스에 보관한다. 여닫기가 편해서 오가사와라 씨가 즐겨 쓰는 제품이다.

4 귀가하자마자 가방부터 지정석에

매일 쓰는 가방은 수납장에 넣지 않고 책상 옆 바구니 위에 올려놓는다. 이렇게 하면 외출할 때 바로 들고 나갈 수 있어 편리하다.

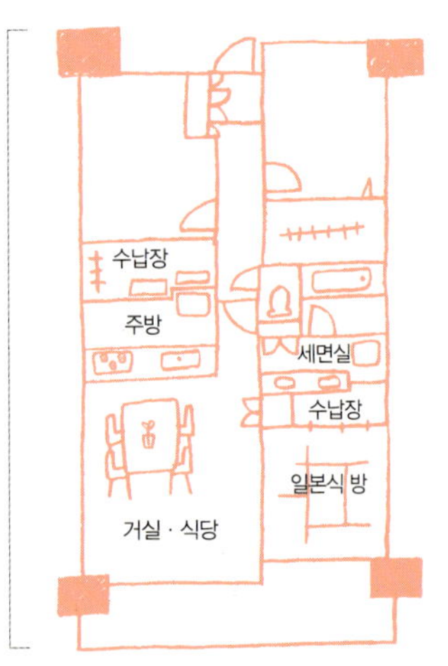

오가사와라 가오리

정리 수납 전문가이자 인테리어 컨설팅을 하며 홈스타일리스트로 활약 중이다. 동시에 쌍둥이의 엄마로서도 바쁜 나날을 보내며, 달마다 자택에서 인기리에 강좌를 열고 있다.
http://ameblo.jp/soukou

- 4인 가족(부부, 아들 쌍둥이)
- 아파트
- 거실·식당·주방·방 3개, 89m²
- 건축 시기 : 10년 전

식당 한구석에 책상을 놓고 벽면에는 수납 공간을 마련했다.
아이들이 노는 소리를 들으며 일할 수 있어서 마음이 놓인다.

식당의 수납 공간은 작지만 매우 유용하다. 약품, 앨범, 청소 도구 등을 무인양품 제품으로 깔끔하게 정리했다.

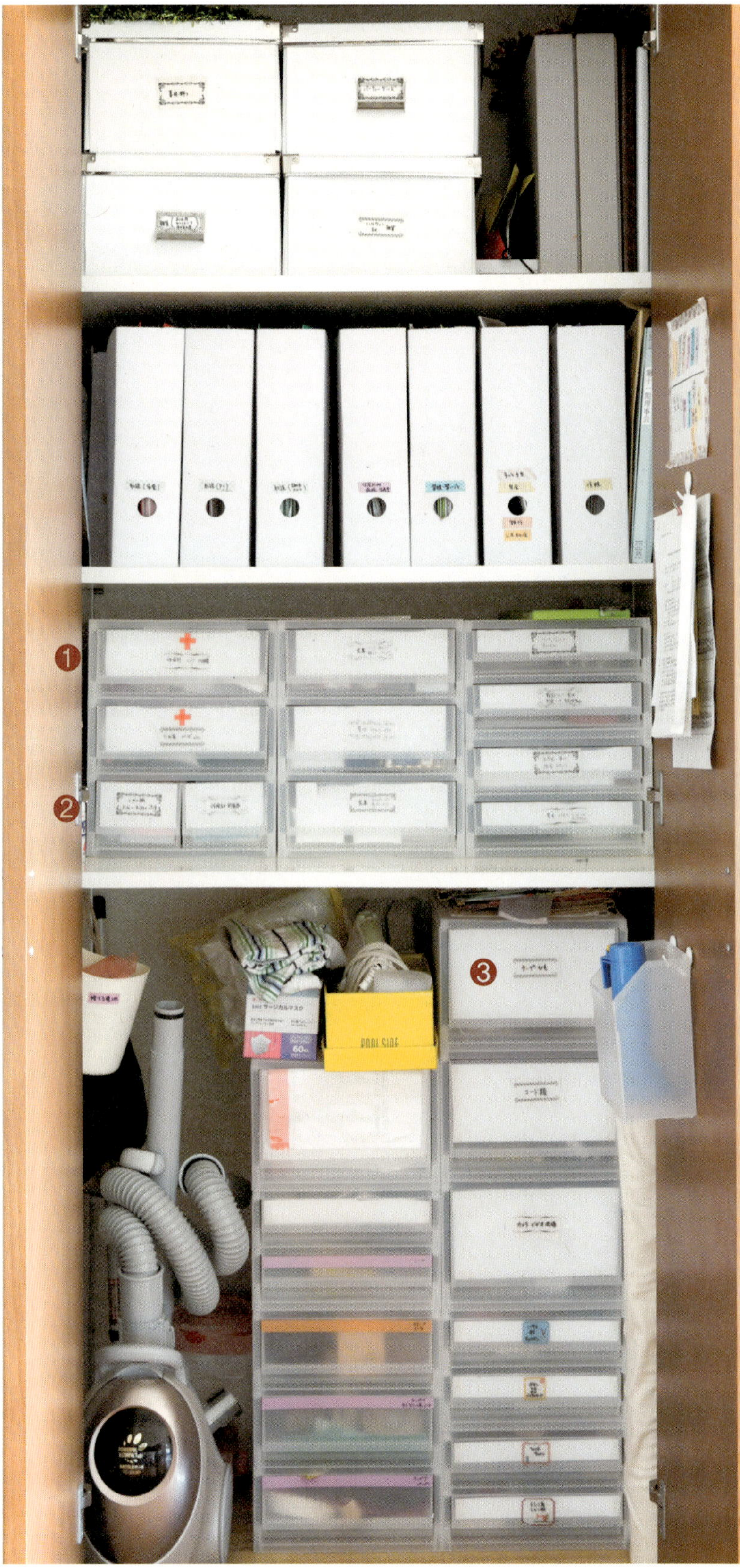

오가사와라 씨의 수납 요령!

자주 보는 책은
표지를 앞으로 해서 수납

인테리어 참고 서적은 'Salut!'의 철제 책꽂이에 수납한다. 감각적인 표지가 전면에 보이므로 장식 효과도 기대할 수 있다.

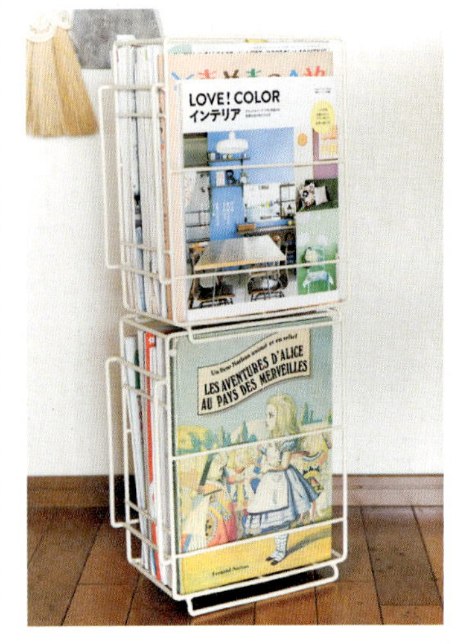

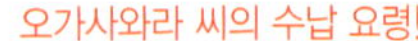

1 직접 디자인한 이름표로 꾸민 구급상자

약은 무인양품 서랍 안에 종류별로 분류하여 보관한다.
빨간 테이프로 십자를 만드는 등 직접 꾸민 이름표로 구
급상자임을 표시했다.

2 이름표용 테이프를 활용한다

없어지면 안 될 보험증을 모아둔 서랍. 위에 글씨를 쓸
수 있는 넓은 이름표용 마스킹 테이프로 예쁘게 꾸몄다.

3 전선 종류는 지퍼백에 보관한다

서로 뒤엉키기 쉬운 전선 등은 지퍼가 달린 비닐 백에 수
납한다. 지퍼백의 색깔에 따라 전선을 분류하여 넣고, 겉
에는 무엇이 들어 있는지 표기했다.

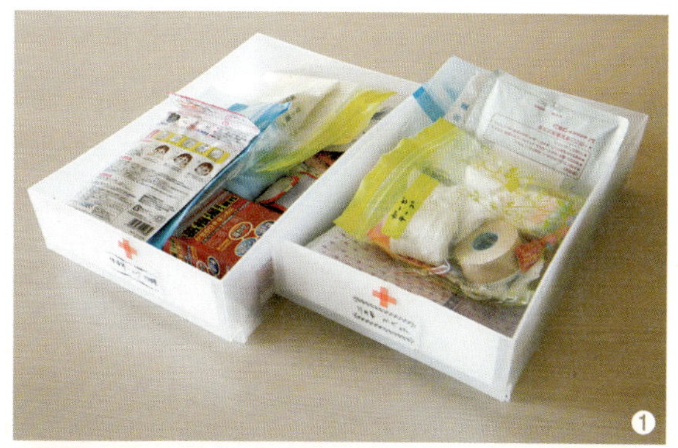

오가사와라 씨의 수납 원칙

1 _ 인테리어는 아름답게, 수납 공간은 간소하게 한다.

2 _ 가족의 물건은 거실에 한데 모아 수납한다.

3 _ 용도별로 철저히 분류한다.

식당에 마련한 서류용 선반

정리 수납 전문가인 가지가야 씨만의 무인양품을 이용한 수납법.
그녀만의 독특한 아이디어를 공개했다.

일이 많아져서 새로 구입하게 된 서류용 선반.
아이와 대화하며 일할 수 있도록 식당에 배치했다.

아이와 함께 쓰는 문구는 항상 제자리에

서랍 속에 칸막이함을 넣어 문구를 깔끔하게 정리했다. 아이도 같이 쓰기 때문에 물건마다 제자리를 확실히 정해서 관리하고 있다.

자잘한 서류는 투명한 케이스에

세금 및 회사 관련 서류, 설명서 등을 용도별로 분류하여 투명 케이스에 넣어두면 필요할 때 금방 찾을 수 있어 업무 효율도 좋아진다.

업무 도구는 한곳에 모아둔다

명함, 영수증, 도장 등은 하나의 서랍에 모아둔다. 그래야 서류를 작성할 때 필요한 물건을 한번에 꺼낼 수 있다.

폴리프로필렌 스탠드 파일 박스
A4용 / 회백색 / 10×27.6×31.8cm

EVA 케이스(지퍼 부착)
A5 / 18.5 × 26.5cm

적층형 체스트 서랍 2단
호두나무 / 37×28×37cm

적층형 체스트 서랍 4단
호두나무 / 37×28×37cm

폴리프로필렌 책상 속 정리 트레이 2
10×20×4cm

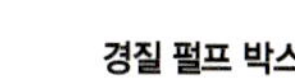

폴리프로필렌 책상 속 정리 트레이 3
6.7×20×4cm

경질 펄프 박스
뚜껑식 / 25.5×36×32cm

적층형 선반 세트 3단×3열
호두나무 / 122×28.5×121cm

가지가야 요코

정리 수납 전문가, 주거 공간 컨설턴트. 니혼TV 〈히루난데스〉의 수납 특집에 출연한 적이 있으며 파워 블로거로도 유명하다.

Part 2

무인양품 인테리어 컨설턴트가 알려주는 기분 좋은 수납법

쾌적하고 여유로운 생활을 위한
편안하면서 간소한 수납법은 없을까?
무인양품 인테리어 컨설턴트가
새로운 수납 스타일을 제안한다

다카하시 야스유키

생활잡화부 가구 개발팀.
신미사토(新三郷)점 등 여러 점
포의 점장을 거쳐 현재는 수납
가구 및 수납용품을 개발하는
담당자로 일하고 있다. 자신이
직접 개발한 '스테인리스 와이
어 바구니' 시리즈(146쪽)를 자
신 있게 추천한다.
"장식을 최대한 억제하여 소재
자체의 매력을 살리는 데 주력
했습니다."

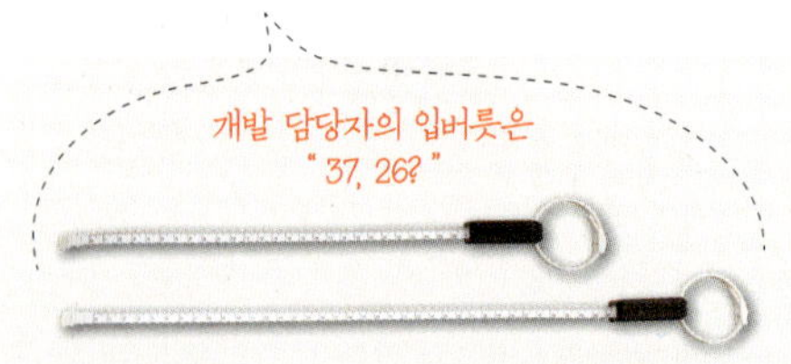

치수부터
재라

높이가 가지런하면 조화로워 보인다

가구와 수납용품을 살 때 의외로 많은 사람들이 치수를
잘못 선택하여 실패한다. "막상 집에 들여놓았더니 너무
크더라" "쓸모없는 빈 공간이 생겨버렸다"고 말하는 사
람들이 많다. 이런 어이없는 실패를 피하려면 매장을 방

바구니와 상자를 마음대로 추가해도
언제나 자연스럽고 가지런한 시스템 가구

1997년에 제작되어 무인양품 수납 가구의 새로운 기준을 제시한
철제 시스템 선반. 외부 폭 86cm, 내부 폭 84cm인 이 선반은
폴리프로필렌 케이스, 라탄 바구니, 경질 펄프 박스 등 다양한 수
납용품과 조합하여 쓸 수 있다.

문하기 전에 가구가 들어갈 공간과 가구 안에 들어갈 물건의 치수를 미리 재야 한다.

치수는 외관뿐만 아니라 사용 편의에도 큰 영향을 미친다. 그중에서도 중요한 것이 '높이'다. 무인양품의 수납 가구 및 수납용품 개발 담당자인 다카하시 야스유키 씨는 치수의 중요성을 강조한다.

"큰 수납장을 두면 공간이 답답해 보이기 쉽지만, 같은 수납장이라도 문이나 인방(기둥과 기둥 사이, 또는 문이나 창의 아래나 위로 가로지르는 나무)과 높이를 통일하면 전체적으로 조화로운 인상을 줄 수 있습니다. 그래서 우리는 시스템 수납장이나 목제 수납장을 문이나 주방 카운터와 같은 높이로 제작합니다. 주방과 세면실에서 흔히 쓰이는 PP 스토커(67쪽)도 세탁기나 냉장고와 높이를 맞추었습니다. 인테리어가 전체적으로 산만해지지 않고 자연스러우면서도 아름답게 보이도록 치수를 미리 맞춘 거죠."

일본 전통 가옥에서 도출한 기준 치수 '86cm'

무인양품의 대부분의 수납 가구와 수납용품에는 일관된 깊이와 폭의 기준이 적용된다. 수납 가구의 폭은 86cm, 내부용 수납용품의 깊이와 폭은 37cm×26cm다.

"86cm는 일본 전통 가옥에서 나온 기준입니다. 모든 일본식 주택은 '반 칸(半間, 90.9cm)'을 기준으로 만들어집니다. 그래서 잠자리에 까는 요의 폭도, 벽장 문 한 짝의 폭도 반 칸에 맞춰져 있죠. 일본식 주택의 기둥의 중심에서 다음 기둥의 중심까지의 거리를 나타내는 한 칸은 약 182cm이므로 실제로 수납장을 놓을 수 있는 공간의 폭은 173cm가 됩니다. 따라서 여기에 나란히 2개를 놓는다고 생각했을 때 알맞은 가구의 폭은 86cm가 됩니다. 그리고 이 86cm 폭의 가구 안에 방향을 바꿔가며 2개 또는 3개까지 무리 없이 집어넣을 수 있는 수납용품의 치수가 바로 37cm×26cm입니다."

자녀의 성장, 이사, 구조 변경 등 생활의 변화에
유연하게 대응하는 수납 가구이다.

무인양품의 수납 철학이 응축된 수납 가구

반 칸을 반으로 나눈 1/4칸(45.5cm)은 일본인의 어깨너비에 해당하는 치수로 옛날 일본 밥상에도 이 치수가 적용되었다. 그러면 그 밥상에는 여덟 치(24.2cm)짜리 접시와 네 치(12.1cm)짜리 국그릇, 밥그릇이 딱 맞게 들어갔다. 예전의 일본 주택에서는 접시와 밥상, 가구 등 모든 생활 가구와 생활공간이 서로 모순 없이 조화를 이루고 있었던 셈이다. 무인양품은 이 전통미를 현대에 재현하고자 노력했다.

"수저에서부터 집까지 모든 물건과 공간에 일관된 기준을 찾아낼 수만 있다면, 소재가 제각각인 수납용품을 자유롭게 배열해도 높이와 폭이 자연스럽게 맞춰질 테니 전체적인 조화가 생겨날 것입니다. 다시 말해 가구를 원하는 대로 추가하거나 교체할 수 있게 되는 겁니다. 그런 무인양품의 수납 철학을 실현시킨 것이 바로 이 기준 치수입니다. 우리는 상품을 새로 개발하거나 변경할 때도 반드시 부품의 호환성을 고려합니다."

오래 쓸 수 있는 수납용품과 자유롭게 교체할 수 있는 가구. 무인양품의 이런 방침은 가구가 단순히 물건을 수납하는 그릇을 넘어서서 철학을 담는 그릇으로 발전했음을 의미한다.

변해가는 생활양식에 따라
자유자재로 조립·교체할 수 있는 가구

생활의 변화에 따라 라탄이나 펄프 바구니, 상자 등을 자유자재로 조합하여 쓸 수 있는 '시스템 선반'(63쪽), 공간의 모양에 맞추어 가로나 세로 방향으로 자유롭게 확장할 수 있는 '적층형 선반' 등 무인양품의 수납 가구는 이처럼 생활의 변화에 유연하게 대응한다.

"프라이팬과 접시를 세로로 수납하는 고객이 많아져서 파일 박스가 들어가는 높이로 설계를 변경했습니다."
이런 개선 아이디어는 언제나 고객의 목소리에서 찾아 2014년에는 '떡갈나무 찬장'의 맨 아래 서랍 높이가 조정되는 등 세부적인 규격도 지속적으로 개선되고 있다.
"매장 직원들이 고객의 의견을 모아서 작성한 '고객 관점 시트'와 고객 상담실에 접수된 의견을 매주 받아봅니다. 또 '생활 양품 연구소' 웹 사이트의 'IDEA PARK'를 통해서도 고객의 의견을 받고 있지요. 우리는 원칙적으로 고객의 모든 질의에 대한 답변을 드리고 있습니다. 듣기만 하고 끝나는 것이 아니라, 질문에 하나하나 답하는 과정에서 더 편안하고 효과적인 수납에 대한 아이디어를 발견할 수 있으니까요."

생활의 변화에 따라 계속 진화하는 무인양품의 수납 가구. 우리도 일상에 일관된 '편리한 기준 치수'를 찾아낸다면 지금보다 훨씬 더 쾌적한 생활을 누릴 수 있게 될 것이다.

적층형 선반 세로 또는 가로 방향으로 얼마든지 확장할 수 있는 적층형 선반. 계단 높이에 맞춰 높이를 조절하거나 TV를 가운데에 집어넣는 등 원하는 형태로 블록처럼 조립할 수 있다. 책장이나 장식장은 물론 칸막이로도 쓸 수 있는 활용도 높은 가구다.

떡갈나무 찬장
개방형(이동식 서랍 포함) /
87.5×45.5×175.5cm

작은 틈새를
활용하라

그대로 두기 아까운 자투리 공간을 발견했는가? 이때가 바로 무인양품의 수납용품이 활약할 절호의 기회다. 시부야 세이부점의 인테리어 컨설턴트 후쿠시마 씨를 통해 10cm, 15cm, 20cm의 틈새를 효과적으로 활용할 수 있는 상품들을 추천받았다. 둘러보니 이 매장에는 아크릴 제품이 유난히 많았다.

"주변에 대사관이나 음악에 관련된 회사가 많아서인지 우리 매장에는 외국인 고객이 많이 찾아옵니다. 외국인 고객들은 좀 더 실용적인 아크릴 케이스를 활용한 '보여주는 수납'을 굉장히 좋아합니다. 화장품 상자는 해외의 메이크업 아티스트들도 애용하고 있습니다."

폭 10cm

손잡이가 달린 '폴리프로필렌 캐리 케이스'는 책장에 세로로 꽂아놓아도 쉽게 꺼낼 수 있다. 특히 가전제품 사용 설명서를 넣어두기에 좋다. 설명서에 부속품이 딸려 있어서 서류철에 넣으면 불룩해지기 때문이다. 'MDF 소품 수납 박스'와 '아크릴 안경·소품 케이스'는 집 전화 옆에 두면 편리하다. '보여주는 수납'을 원할 때는 아크릴 케이스를, '감추는 수납'을 원할 때는 MDF 수납 박스를 활용하면 좋다.

MDF 소품 수납 박스 3단
8.4×17×25.2cm

아크릴 안경·소품 케이스
6.7×17.5×25cm

어디에 쓸까 _ 대면형 주방 카운터 위, 집 전화 옆, 책상 위 등

폴리프로필렌 캐리 케이스
A4 / 26×34×4cm

어디에 쓸까 _ 거실 수납장, 책장, 서랍장 안 등

후쿠시마 요시코
무인양품 시부야 세이부(渋谷 西武)점 인테리어 컨설턴트.
아쿠타 니시노미야(アクタ西宮)점, 그랑프론트 오사카(グランフロント大阪)점 등을 거쳐 2013년 9월 시부야 세이부점으로 왔다. 2013년에 새로 단장하여 개점한 시부야 세이부점은 1층에 맞춤형 공방, 2층에 Cafe & Meal MUJI, 5층에 어린이 놀이방 Wood Square를 갖추고 있다.
"저희 지점 특성상 아이를 동반한 고객, 세련된 외국인 고객들이 상담을 많이 신청한답니다."

폭 15cm

칸막이가 있는 '폴리프로필렌 화장품 상자'는 화장품뿐만 아니라 양념 등을 세워서 보관하기도 편리하다. 자주 쓰는 양념을 여기 모아 냉장고에 넣어두었다가 식사할 때 식탁에 그대로 꺼내놓아도 무방하다. 물로 씻을 수 있는 재질이라 위생적이기까지 하다.

'아크릴 CD 박스'는 여러 개를 쌓아놓고 선반 대용으로 쓰는 사람들도 많다. 근처에 음악 회사가 많은 시부야점의 경우 40~50개를 한꺼번에 사 가는 고객도 있었다고.

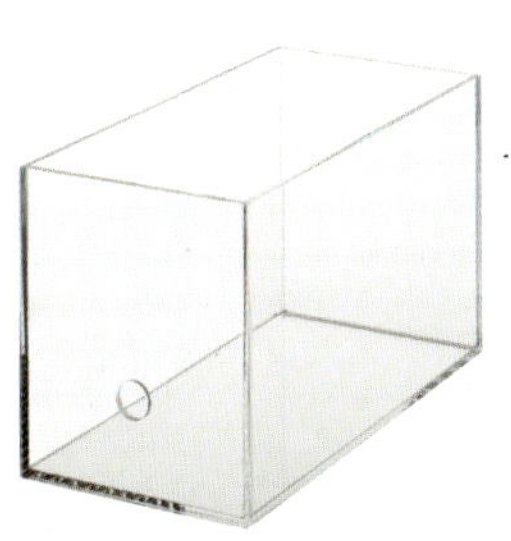

적층형 아크릴 CD 박스
13.5×27×15.5cm

어디에 쓸까 _ 책상 위, 책장, TV장, 바닥에 쌓아서 선반 대용 등

폴리프로필렌 화장품 상자(칸막이 있음)
가로 1/4 / 15×11×4.5cm

어디에 쓸까 _ 주방, 냉장고, 책상 서랍, 화장대, 화장대 서랍 등

온라인 매장의 치수 검색 기능

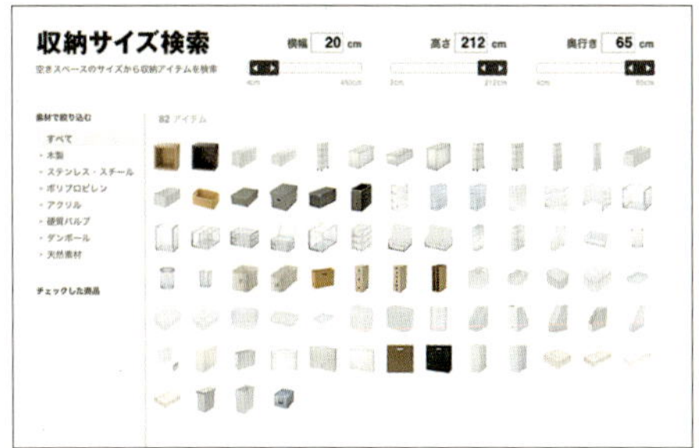

빈 공간의 폭, 높이, 깊이를 입력하면 그곳에 알맞을 만한 수납용품들이 화면에 표시된다. 매장에 가기 전에 어떤 상품이 있는지 미리 둘러보면 편리하다.

폭 20cm

'PP 스토커'는 수건이나 주방용품은 물론 장난감을 수납하기에도 편리하다. 기차 레일을 모양별로 구분하여 각 서랍에 보관해도 좋다. 서랍 하나가 망가지더라도 바로 교체할 수 있는 것 또한 장점이다.

내용물이 훤히 들여다보이는 '아크릴 소품 랙'은 잊지 말아야 할 물건을 보관하기에 적당하다. 부드러운 질감의 '경질 펄프 박스'는 엽서나 문구, 수예용품 등을 넣을 수 있고, 여러 개를 쌓아놓아도 멋스럽다. 또한 스티커를 붙이거나 스탬프를 찍는 등 자유롭게 꾸밀 수 있다.

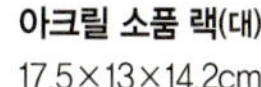

PP 스토커(바퀴 포함) 2
18×40×83cm

어디에 쓸까 _ 냉장고 옆, 주방, 세탁기 옆, 옷장 안, 아이 방 등

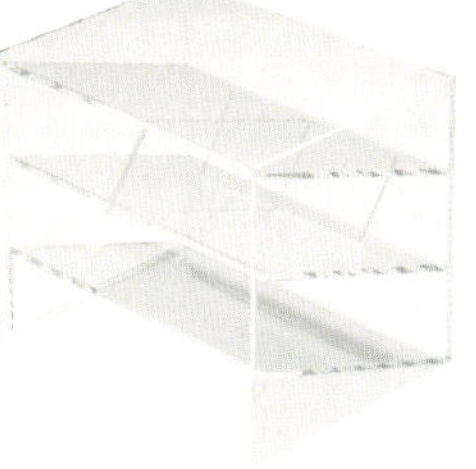

아크릴 소품 랙(대)
17.5×13×14.2cm

어디에 쓸까 _ 현관, 주방 카운터, 전화기 옆, TV장 위 등

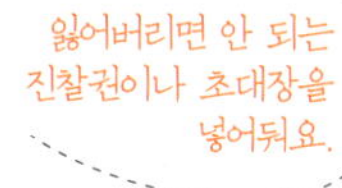

경질 펄프 박스
뚜껑식 / 얕은 타입 / 하프 /
18×25.5×8cm

어디에 쓸까 _ 책상, 책장, 옷장 안, 아이 방 등

집에서도, 밖에서도 쓸 수 있는 수납용품을 활용하라

하나의 수납용품을 실내와 야외에서 함께 활용해보자. 언제나 소파 옆에서만 쓰이던 테이블을 베란다로 꺼내 일광욕을 하며 티타임을 즐기면 어떨까? 또 주방에서 식품을 보관하던 상자에 과자를 담아 나들이를 나가보면 어떨까? 야외용품을 따로 마련하지 않고 집 안에서 쓰던 것들을 챙겨서 가볍게 나설 수 있다면 야외 활동이 한결 가벼워질 것이다.

시부야 세이부점의 인테리어 컨설턴트 후쿠시마 씨는 "안팎에서 두루두루 쓸 물건이라면 '가볍고 튼튼하며 다용도로 활용할 수 있는 제품'이어야 한다"고 말한다.

"원목 벤치에 식물과 꽃을 올려놓으면 훌륭한 장식 코너가 됩니다. 하지만 같은 벤치를 현관에 두고 신발을 신을 때 걸터앉거나, 물건을 올려놓으려고 침대 옆에 두는 분도 많습니다."

대용량의 '튼튼 박스'는 정원용품이나 캠핑용품을 넣어서 방이나 베란다 구석, 자동차 등에 두면 편리하다. 후쿠시마 씨는 "여행 가방처럼 스티커를 붙여서 장식하는 분도 있어요"라고 말한다.

또 철제 보조 탁자와 나무 쟁반의 조합은 나이 든 고객들에게도 의외로 인기가 많다고 한다.

"옛날부터 쟁반이 익숙해서 그런 게 아닐까요? 주방에서 차나 과자를 담아서 소파나 베란다로 그대로 가져갈 수 있으니까요. 그런가 하면 소파나 베란다에서 컴퓨터를 하고 밥을 먹기 좋아하는 싱글들에게도 인기가 많습니다."

튼튼 박스

뚜껑의 내하중이 무려 약 100kg!
의자처럼 걸터앉거나 밥상처럼 음식을 차리거나
선반처럼 여러 층으로 쌓아 올려도 된다.

폴리프로필렌 튼튼 박스(대) 60.5×39×37cm
원목 벤치(소) 떡갈나무 / 45×30×44cm
철제 트레이 스탠드 45.5×34.5×51.5cm
목제 트레이 들메나무 / 46×35cm

휴대가 편한
수납용품을 활용하라

여기저기서 쓰이는 물건은 고정된 수납 가구보다는 이동 가능한 수납함에 보관하는 것이 편리하다. 대표적인 것이 화장품으로, 아침에는 세면실에서, 밤에는 소파에서 TV를 보며 느긋하게 피부 관리를 하는 사람이 많다. 이처럼 여러 곳에서 화장품을 사용한다면 화장품 일체를 거울이 달린 큰 수납함에 보관하는 것도 좋은 방법이다. 사실 생각해보면 구급용품, 장난감, 청소 도구 등 자리가 고정되지 않고 여기저기 가지고 다니는 물건이 의외로 많다. 시부야 세이부점의 인테리어 컨설턴트 후쿠시마 씨는 폴리프로필렌 스툴을 추천했다.

"수납할 양이 많은 경우에는 폴리프로필렌 스툴이 좋습니다. 봉제인형과 바깥놀이에 필요한 부피 큰 장난감도 넉넉히 들어가거든요."

'택툴' 역시 자그마해서 항상 휴대할 수 있는 것이 장점이다.

"대표적인 툴로는 온습도계가 있어요. 이것만 있으면 아이 방, 거실, 사무실, 출장지 호텔, 병원 등 어디서나 온습도를 확인할 수 있죠. 선반이나 걸이에 쉽게 걸어놓을 수 있어서 편리해요."

교체용 툴도 다양하지만 케이스를 원하는 색으로 바꿀 수 있어서 활용도가 높은 제품이다.

폴리프로필렌 스툴 39×36×39cm
택툴 온습도계 흰색
택툴 줄자 흰색 / 50cm
택툴 실리콘 케이스 남색
택툴 실리콘 케이스 검정

처음부터
어디에 둘지 생각하고
구입하라

보관용 식품을 둘 곳이 없어서 고민이에요

상당한 양의 물건을 수납할 수 있는 폴리프로필렌 케이스를 활용해보세요. 케이스 한 칸을 식품 보관함으로 정해놓고 거기에 다 들어가지 않는 것은 처음부터 사지 않는 거죠! 식품에는 유통기한도 있으니까요. 이렇게 수납 장소를 한정하면 적당량을 유지하기도 쉽답니다.

예전에 샀던 CD를 버리지 못해서 그냥 쌓아두었어요

자신이 앨범 재킷을 보고 CD를 고르는 유형인지, 아니면 좋아하는 곡을 보고 CD를 구입하는 유형인지 우선 판단하세요. 만약 재킷을 보고 고르는 유형이라면 케이스까지 보관합니다. 하지만 곡을 보고 고르는 유형일 경우 CD만 CD 홀더에 정리해서 공간을 절약해보세요.

시부야 세이부점의 인테리어 컨설턴트인 후쿠시마 씨는 고객들이 '둘 곳이 없다'는 고민을 가장 많이 털어놓는 것이 청소용품이라고 말했다.

"빗자루나 대걸레는 벽에 기대 세워두면 하루에 몇 번씩 넘어져서 바닥에 상처를 내거든요. 저도 이게 스트레스였어요. 그래서 스스로 서 있는 청소 도구는 저에게나 고객에게나 '반가운' 상품이었죠."

의류용 클리너는 선반, 서랍장, 현관에 세워놓고, 카펫용 클리너는 소파 옆에 세워놓으면 편리하다. 또 탁상용 빗자루는 외부의 먼지가 많이 들어오는 현관과 식당에 보관한다. 모두 연회색이라 튀지 않고 흰 벽과 잘 어울리는 것이 장점이다.

"청소 도구는 필요할 때 즉시 쓸 수 있어야 의미가 있어요. 그래서 수납장 안에 넣지 않고 꺼내놓는 것이 좋죠. 이 제품들은 스스로 잘 서 있고 넘어지지 않으니 보기에도 깔끔하고요."

이처럼 작은 소품 하나라도 어디에 어떻게 둘지를 생각한 후에 구입하면 일상의 스트레스를 확 줄일 수 있다.

극세사 미니 핸디 자루걸레 길이 33cm
의류용 클리너 6×6×21cm
카펫 클리너 18.5×7.5×27.5cm
탁상 빗자루 쓰레받기 세트 16×4×17cm

벽면을
적극적으로
활용하라

원하는 대로 수납 공간을 설계할 수 없거나 가구 배치를 변경하기 어려운 경우일수록 벽면을 이용하여 수납 공간을 확보해보자. 하지만 벽에 구멍을 뚫을 수 없다면? 이런 고민을 해결하기 위해 탄생한 것이 바로 무인양품의 '벽걸이 가구'다. 이 제품은 전용 고정 핀과 후크로 설치하면 제거한 후에도 흔적이 거의 남지 않는다. 시부야 세이부점의 인테리어 컨설턴트 후쿠시마 씨는 벽면 수납의 장점이 수납 공간을 추가로 확보하는 것 외에도 다양하다고 말한다.

"우선 바닥에 물건을 내려놓지 않아도 되니 청소가 편해집니다. 또 벽걸이 가구에는 문이나 뚜껑이 없어서 물건을 곧바로 꺼내고 넣을 수 있습니다. 현관에 열쇠, 모자, 가방 등을 걸어두면 바쁠 때 큰 도움이 되죠."

그러나 무엇보다 큰 장점은 취향대로 자유롭게 배열·장식할 수 있다는 것이다.

"한 칸짜리 상자에 종이로 만든 지붕을 올리고 상자 안에 정원을 꾸민 다음 장식품을 올려놓거나, 후크에 얼굴 모양 스티커를 붙이는 등 아이와 함께 재미있게 장식하는 고객도 많습니다."

솜씨를 한껏 발휘하여 자신의 개성을 드러내는 장식 공간을 만들어보자.

나무 벽걸이 가구 들메나무 / 원목색

부드러운 나뭇결이 벽이나 바닥 색과도 잘 어울린다. 데코우드(사진 중앙 오른쪽)에는 홈이 있어서 엽서나 사진을 세워놓을 수 있다. 홈에 S자 후크를 걸고 모자와 가방을 장식해도 괜찮다.

상자 88cm 88×15.5×19cm | **상자 44cm** 44×15.5×19cm | **상자 1칸** 19×15.5×19cm | **데코우드 44cm** 44×4×9cm | **후크** 4×6×8cm

알루미늄 벽걸이 가구

녹이 슬지 않는 알루미늄 제품은 세면실이나 화장실 등 습기가 많은 곳에서도 안심하고 쓸 수 있다. '벽걸이 가구' 시리즈 중 가장 얇아서 답답한 느낌이 들지 않는 것도 장점이다.

상자 44cm 44×13×7.5cm | **상자 44cm** 44×13×16cm | **포켓** 22×8×6.5cm | **거울** 22×2.5×16.5cm

자석 벽걸이 수납용품

냉장고와 현관문 등 철제 면에 붙일 수 있는
수납용품들. 자석의 힘이 강해서 작은 후크라
도 하중 1kg쯤은 견딜 수 있으므로 매우 안정
적이다.

자석 벽걸이 거울 22×0.8×16.4cm
자석 벽걸이 후크 2.6×6×7cm
자석 벽걸이 홀더 22×6.7×6.5cm
자석 벽걸이 트레이 22×6.7×6.5cm

수납 고민을
무인양품 제품으로
해결한다!

주방에서 자동차까지 다양한 장소에서 쓰이는 무인양품의 수납 가구와 수납용품. 그 특징과 사용법을 누구보다 잘 아는 무인양품의 인테리어 컨설턴트가 당신에게 딱 맞는 상품을 추천하고 그 활용법을 전수한다.

Q. 철 지난 이불, 버리기 아까운 아이 옷…. 넣을 곳이 없어요.

A. 서랍뿐만 아니라 침대 속까지 수납 공간으로 활용할 수 있는 수납 침대가 있어요. 싱글 침대의 경우 무려 무인양품 서랍장 2개 분량의 물건을 수납할 수 있답니다. 플라스틱 덮개 안에는 부직포가 붙어 있어서 먼지가 잘 들어가지 않고, 통기 구멍이 있어서 습기도 차지 않아요. 자투리 공간을 활용하면서도 소중한 물건을 보관하는 데 안성맞춤이겠죠?

후쿠다 데루유키

무인양품 유라쿠초(有樂町)점 인테리어 컨설턴트.
오사카에서 다른 일을 하던 중 동경하던 선배를 따라 인테리어 컨설턴트의 길로 들어섰다.
애용하는 '적층형 선반(65쪽)'을 적극 추천한다.

Q. 목욕용 장난감을 간편하고 청결하게 보관하고 싶어요.

A. 장난감을 젖은 채 보관하면 아무래도 물때가 끼기 쉬우므로 말려주는 게 좋아요. 그럼 세탁용 망에 넣어서 걸어두는 건 어떨까요? 그러면 물기도 빠지고 먼지 같은 외부 오염도 어느 정도 방지될 거예요. 그대로 가져다 햇빛에 널어 말리기도 편리하겠죠? 망 크기는 장난감 양에 따라 선택하세요. 평소에는 욕실에 걸어두었다가 맑은 날에는 꺼내서 햇빛에 말려요. 행거를 활용하면 여기저기 이동시키기도 편리합니다.

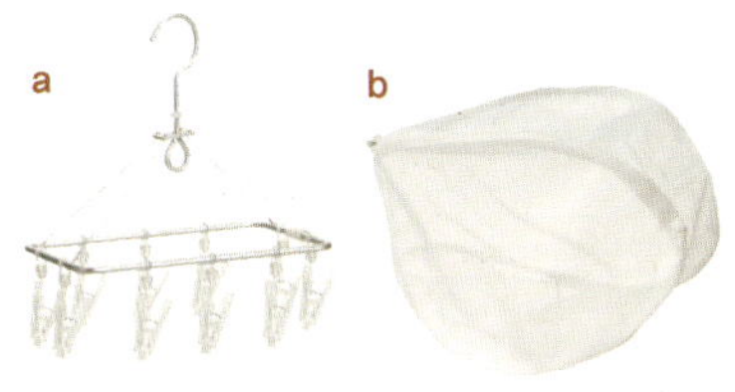

a 알루미늄 사각 행거와
폴리카보네이트 집게(소)
26.3×18cm, 집게 10개
b 세탁망(중) 직경 33cm

Q. 계속 늘어나는 아이의 만들기 작품. 기념으로 남기고 싶지만 아무래도 부피가 커서 고민이에요.

A. 아이의 작품을 그대로 보존하면 좋겠지만 망가질 때가 많지요. 이제 작품을 사진으로 찍어두는 건 어떨까요? 그 당시의 아이 사진과 함께 앨범에 꽂아두면 분명 좋은 추억이 될 거예요. 언제든 꺼내볼 수도 있고요. 앨범으로는 사진이 선명하게 보이는 고투명 필름 제품을 선택하세요.

침대 발치에 추가 수납장을 설치하면 작은 책이나 자잘한 물건을 꽤 많이 수납할 수 있다. 게다가 수납장 길이만큼 침대가 길어지므로 길이 210cm짜리 이불도 바닥에 끌리지 않게 된다.

수납 침대 더블 떡갈나무 / 148.5×201×27cm
※ 매트리스 별매

**폴리프로필렌 고투명
필름 앨범 2단**
L형 / 56매용 /
20×15.6×0.9cm

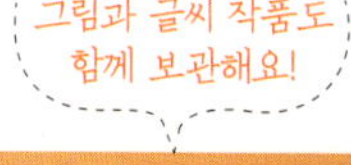

Q. 넥타이를 쉽게 고르고 꺼낼 수 있게 수납하려면?

A. 옷걸이에 왕창 걸어놓으면 하나씩 꺼내기가 힘들죠? 넥타이를 둥글게 말아서 보관해보세요. 그러면 무늬가 한눈에 들어오고 꺼낼 때 억지로 잡아당겨 옷감이 상할 일도 없으니까요. 서랍이 너무 깊으면 쓸데없는 공간이 생기니 넥타이를 둥글게 말았을 때 딱 맞는, 칸막이 있는 얇은 케이스를 추천합니다.

폴리프로필렌 케이스
서랍식 / 얇은 타입 6개(칸막이) /
26×37×32.5cm

Q. 손톱깎이나 손톱 가위, 귀이개 등 자잘한 물건들은 쓰려 할 때마다 없어져서 찾아 헤매게 되네요.

A. 손톱깎이 등의 자잘한 물건을 깊은 서랍 안에 넣어두면 서로 뒤엉켜서 찾기가 힘들어지죠. 그래서 얇은 케이스 하나를 자잘한 물건의 자리로 정해놓는 것이 좋아요. 깊이는 얕아도 가로 너비가 긴 것을 고르면 이것저것 많이 수납할 수 있고 틈새 공간에 끼워놓기도 편리하거든요. 속이 보이지 않는 불투명한 제품을 고르면 아무 데나 둘 수 있어서 좋아요.

폴리프로필렌 케이스
서랍식 / 가로 와이드 얇은 타입 2개 /
37×26×9cm

Q. 자동차 트렁크가 항상 복잡해요. 좋은 정리용품이 없을까요?

A. 차로 외출할 때는 야외용품과 바깥놀이용 장난감 등 짐이 많아지게 마련이죠. 그럴 때는 튼튼하면서도 이동이 간편한 수납 상자와 폴리프로필렌 스툴을 이용해보세요. 이것저것 집어넣을 수 있는 넉넉한 수납 공간이 장점이죠. 둘 다 위에 걸터앉을 수 있어서 야외에서도 유용하게 쓸 수 있답니다.

a 폴리프로필렌 스툴 39(손잡이 부분)×36(앉는 면)×39cm
b 폴리프로필렌 튼튼 박스(대) 60.5×39×37cm

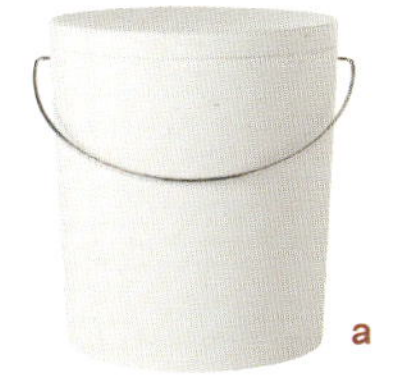

a

b

트렁크에 딱 맞는 크기인 데다 무척 튼튼하다. 간소한 색상과 세련된 디자인도 장점.

Q. 현관에 자잘한 물건을 놓아두고 싶은데, 공간이 너무 좁아서 고민이에요.

A. 철제 현관에 붙일 수 있는 미니 자석 벽걸이 트레이를 추천합니다. 자리를 차지하지 않으면서도 열쇠, 등기 서명용 볼펜 등 현관에서 자주 쓰는 물건을 한데 모아둘 수 있어서 유용해요. 같은 시리즈인 홀더를 트레이와 조합하면 우산꽂이로도 쓸 수 있으니(73쪽) 한번 도전해보세요.

자석 벽걸이 트레이
22×6.7×6.5cm

열쇠와 볼펜 등 현관에서 쓰이는 물건을 한데 보관한다.

Q. 세면실에 수납 공간이 거의 없어요. 좁은 세면실에 둘 만한 수납장이 있나요?

A. 같은 문제로 고민하는 분이 꽤 많답니다. 그분들께 세탁기 위의 빈 공간을 활용할 것을 추천합니다. 벽에 레일을 설치하고 선반을 올려놓는 타입 또는 세탁기를 안에 쏙 넣을 수 있는 스테인리스 시스템 선반을 활용해보세요. 여기에 수납 케이스나 와이어 바구니를 추가하면 수건, 세제 등 많은 물건을 깔끔하게 분류하여 보관할 수 있어요.

간단한 채널 레일을 벽에 설치한 뒤 브래킷과 선반으로 수납 공간을 확보하는 구조. 자유자재로 조정할 수 있는 선반.
채널 높이 90, 120cm | **떡갈나무 선반**(브래킷 포함)

스테인리스 시스템 선반 추가용 옆판 특대 / 추가 선반 · 스테인리스 와이어 48cm형 / 추가용 와이어 바구니 84cm형 / 크로스바 대형 / 옆판 보강 부품 4cm

Q. 신발장 안에 철 지난 부츠와 신발을 둘 공간이 없는데 어떻게 하죠?

A. 부츠는 눕혀서 수납해야 늘어나거나 모양이 망가지지 않아요. 안감이 코팅 처리된 소프트 박스를 활용하면 내부를 물걸레로 닦을 수 있어서 위생적이랍니다. 소프트 박스는 옷장 안에 두어도, 밖에 내놓아도 예쁘고 쓰지 않을 때는 작게 접어놓을 수 있어서 더욱 편리해요. 구두는 구두 상자에 넣어 슈즈홀더에 보관하면 공간을 절약할 수 있어요.

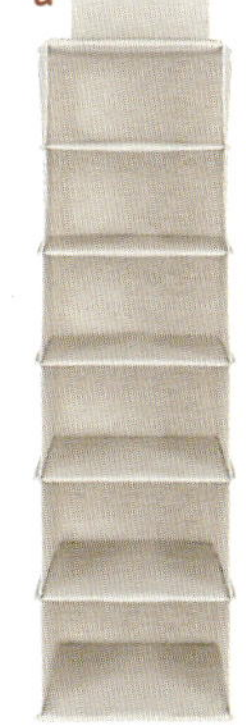

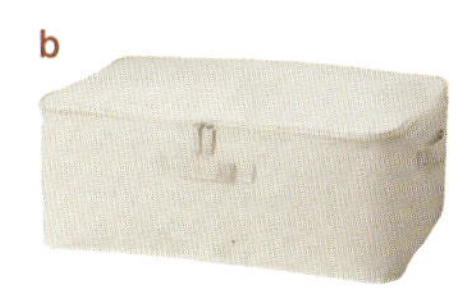

a 폴리에스테르 · 면 · 마 혼방 슈즈홀더 20×35×72cm
b 폴리에스테르 · 면 · 마 혼방 소프트 박스 의류 케이스(대)
59×39×23cm

Q. 쌀을 신선하게 보존하려면 어떻게 해야 할까요?

A. 냉장고 전용으로 만들어진 쌀 보관 용기를 추천합니다. 2kg이라는 용량이 적게 느껴질지도 모르지만, 쌀은 정미한 직후가 가장 맛있으니 그 정도가 선도를 지켜가며 맛있게 먹을 수 있는 적정 분량이 아닐까요? 뚜껑이 계량컵이라 더욱 편리해요.

냉장고용 쌀 보존 용기 2kg
17×10×28cm

Q. 계속 늘어나는 건조식품과 가끔씩만 쓰는 양념, 효과적으로 보관하는 방법이 없을까요?

A. 대나무 수납 상자를 추천합니다. 상자 안에는 가끔 쓰는 재료를 넣어두고, 뚜껑은 트레이 대용으로 써보세요. 식탁에 그대로 방치되기 쉬운 기본 양념들을 이 뚜껑 트레이에 모아두면 공간도 절약되고 편리할 거예요. 게다가 대나무 같은 천연 소재가 주방에 있으면 따뜻한 분위기가 느껴진답니다. 나중에 자유자재로 수납 용량을 늘릴 수 있는 스토커도 함께 추천합니다!

a 폴리프로필렌 스토커 (바퀴 포함) 1 18×40×83cm
b 폴리프로필렌 스토커 (추가용) 18×40×21cm
c 적층형 대나무 직사각형 뚜껑 2 26×18×2cm
d 적층형 대나무 직사각형 상자 26×18×16cm

Q. 공간을 절약하면서 비닐봉지와 쇼핑백을 보관하는 방법을 알고 싶어요.

A. 둘 다 압축하면 부피가 줄어드는 특성이 있으니 튼튼한 파일 박스에 차곡차곡 눌러 담으면 어떨까요? 그 파일 박스를 수납장에 넣어두면 주방이 깔끔해지겠죠. 알록달록한 색깔이 가려지는 데다 쉽게 넣고 뺄 수 있어서 편리해요. 비닐봉지는 주방 문 안쪽이나 수납장에 걸도록 만들어진 포켓 형태의 제품에 수납해도 좋아요. 잘 눌러 담으면 생각보다 많이 들어간답니다.

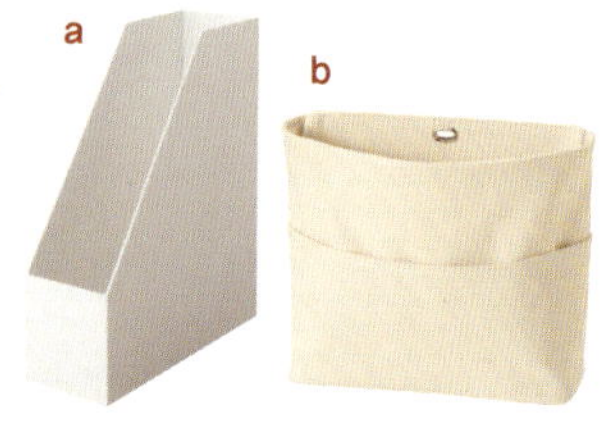

a 폴리프로필렌 스탠드 파일 박스 A4 / 회백색 / 10×27.6×31.8cm
b 문에 달 수 있는 수납 포켓(소) 깊은 타입 / 23×7×20cm

Q. 계단 밑 자투리 공간을 효과적으로 활용하고 싶어요.

A. 계단 모양에 맞춰 자유롭게 조립할 수 있는 적층형 선반을 추천합니다. 칸막이로도 쓸 수 있는 양면 적층 서랍장, 적층 선반용 트레이 등 다양한 부품을 추가하여 자유롭게 구성할 수 있어요. 무인양품의 수납용품들도 이 선반에 맞추어 만들어져 있으니 함께 활용해보세요.

적층형 선반 5단 떡갈나무(기본 세트) 42×28.5×200cm
3단(추가 세트) 40×28.5×121cm
2단(추가 세트) 40×28.5×81.5cm

Q. 지로 용지나 고지서 같은 서류가 항상 어디론가 사라져버려서 고민이에요.

A. 단기간만 보관할 물건은 서랍을 지정해 전용 서랍에 보관하세요. 얕은 타입의 경질 펄프 서랍이라면 수납 용량이 적어 물건이 쌓이지 않을 거예요. 그러면 필요한 서류가 없어지지도 않고, 집 안도 깔끔해지겠죠? 한 달에 한 번씩 날짜를 정해서 지정된 전용 서랍을 정리하는 습관을 들이면 고지서를 깜빡해서 연체료를 내는 일도 없어질 거예요.

경질 펄프 서랍 4개
36×25.5×16cm

최신 인기
수납용품
베스트 10

※ 2014년 기준

나미헤이 다이스케

무인양품 이케부쿠로 세이부(池袋 西武)점 인테리어 컨설턴트. 가메이도(龜戶)점 직원으로 입사한 후 긴자 마츠자카야(銀座 松阪屋)점을 거치며 소원하던 컨설턴트 자격을 취득했다.

적층형 체스트 서랍 4단
떡갈나무 / 37×28×37cm

 적층형 선반

정사각형 상자만 쓰는 사람들이 많지만 와이드 타입도 추가해보면 연출이 훨씬 다양해진다. 라이프스타일에 따라 추가하거나 교체할 수 있다.

비누와 수건 등 세탁용품을 한데 수납할 수 있는 와이어 바구니. 쌓아 올릴 수 있는 데다 용접 부분이 튀어나오지 않아 수건의 올이 걸려 상하지 않는 것이 장점이다.

 ## 스테인리스 와이어 바구니

통기성이 좋고 녹슬지 않으며 내용물이 한눈에 보이는 등 주방과 세탁실에서 사용하기 편리한 제품이라 여성 고객에게 폭발적인 인기를 끌고 있다. 기능을 중시하는 무인양품답게 철망의 구멍은 내용물이 빠지지 않는 절묘한 크기로 설계되었고, 용접 부분 또한 매끈하게 처리되었다.

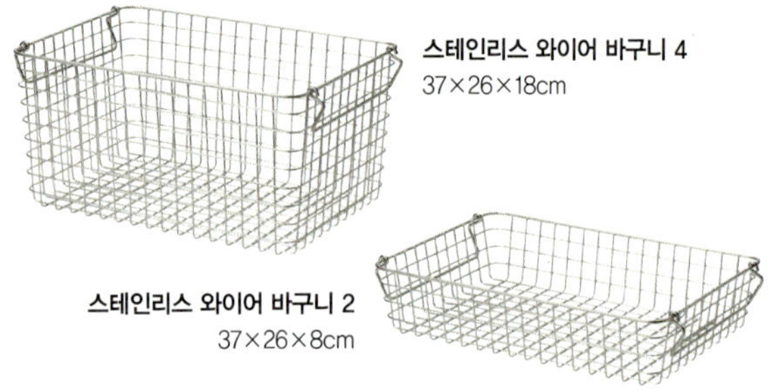

스테인리스 와이어 바구니 4
37×26×18cm

스테인리스 와이어 바구니 2
37×26×8cm

3위 ## 아크릴 박스

문구, 액세서리 보관에 주로 활용된다. 흠집이 잘 나지 않는 소재라서 오래 써도 투명함이 유지되고, 내부 정리용 벨루어 칸막이도 다양하게 나와 있어서 소중한 물건을 장식·보관하기에 안성맞춤이다. 아크릴 컬렉션 박스는 '레고' 미니 피규어를 전시하는 용도로 쓸 수 있다.

뒤쪽이 막혀 있는 아크릴 컬렉션 박스 4×4(작은 칸)
27.5×7.2×34.7cm

 대나무 수납 상자

촉감이 부드러워서 여성 고객에게 인기다. 튼튼해서 무거운 물건을 넣기에도 괜찮고, 속옷, 문구, 식품 등 다양한 물건의 수납에 사용할 수 있다. 쌓아놓을 수 있는 점, 오래 쓸수록 그윽한 갈색으로 변하는 점도 매력적이다.

적층형 대나무 직사각형 뚜껑 1
37×26×2cm

적층형 대나무 직사각형 상자 3
37×26×8cm

떡갈나무 캐비닛 유리 도어 미닫이 / 80×40×83cm

 떡갈나무 캐비닛

'다리가 있어서 옛날 장롱처럼 보이지 않는 것이 마음에 든다' '떡갈나무는 어떤 인테리어 소재와도 잘 어울려서 오래 쓸 수 있다' '다른 가구와 조합하기 좋다'는 등 좋은 반응을 얻고 있는 제품이다. 타입별로 장점이 있지만, 안전을 생각한다면 유리 미닫이 타입을 추천한다.

 조합하여 쓸 수 있는 목제 수납 가구

방 크기에 맞춰 깊이와 높이를 다양하게 조정할 수 있다는 점이 인기의 비결이다. 특히 복도나 자투리 공간을 활용할 목적으로 깊이 14cm의 가장 높은 타입을 찾는 고객이 많다. 선반을 비스듬히 놓아 장식용으로 활용할 수 있는 것도 장점이다.

조합하여 쓸 수 있는 목제 수납 가구 (깊이 14cm) 본체
미들 타입 / 들메나무 / 원목색 (조립 선반 6장 포함) /
80×14×175.5cm

형태가 제각각이라 수납하기 어려운 물건은 파일 박스에 넣는다.
알록달록한 색을 싹 가려서 깔끔하고 물로 닦을 수 있는 소재라
서 위생적으로도 문제가 없다.

7위 폴리프로필렌 파일 박스

서류 보관함으로 쓰는 경우가 가
장 많지만, 주방이나 세탁실에서
지저분한 물건을 숨기는 데 활용
하는 고객도 많다. 최근에는 내용
물을 완전히 가려주는 회백색 제
품이 인기가 많다. 오른쪽 사진의
가운데 제품은 파일 박스형 블루
투스 스피커다. 수납용품은 아니
지만 파일 박스 옆에 나란히 두고
쓰면 멋스럽다.

폴리프로필렌 스탠드 파일 박스
A4용 / 회백색 /
10×27.6×31.8cm

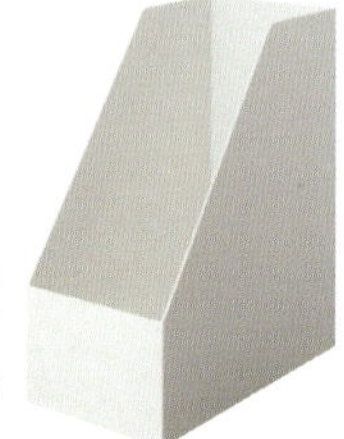

폴리프로필렌 스탠드 파일 박스
와이드 / A4용 / 회백색 /
15×27.6×31.8cm

속옷, 수건 등을 품목별로 나누어 수납한다.
혼자서도 잘 서 있으므로 옷장 속을 가지런히 정돈할 수 있다.

8위 폴리에스테르·면·마 혼방 소프트 박스

쓰지 않을 때는 작게 접어 보관할 수 있어서 자리를 차지
하지 않고, 안감이 코팅되어 있어서 물걸레로 닦을 수 있
다. 또 서랍 속 칸막이로 써도 의외로 편리하다. 혼자서
도 잘 서 있어서 안에 들어 있는 옷이 무너지지 않고 여
기저기 들고 다니기도 쉽다. 옷장 정리를 할 때 상자를
그대로 옮길 수 있는 것도 장점이다.

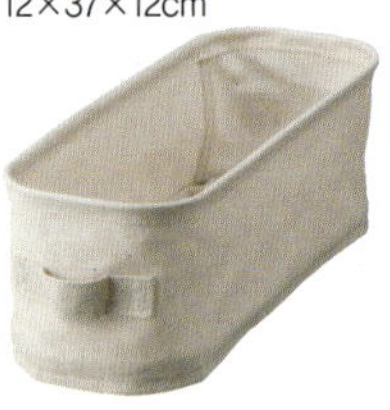

폴리에스테르·면·마 혼방 소프트 박스
직사각형 / 얕은 타입 하프 /
12×37×12cm

9위 폴리에스테르 · 면 · 마 혼방 소품 홀더

옷장의 수납 공간을 알뜰하게 쓰려는 고객들에게 변함없는 인기를 누리는 제품이다. 특히 목도리, 장갑, 모자 같은 계절 잡화를 수납하기에 아주 편리하다. 그렇게 물건의 제자리를 정해놓으면 외출 준비에 걸리는 시간과 수고를 단축할 수 있다. 더 나아가 칸을 사용자별로 나누어 관리한다면 더욱 효율적일 것이다.

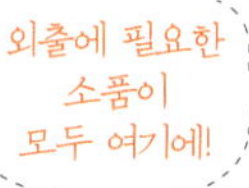

폴리에스테르 · 면 · 마 혼방 소품 홀더
15×35×70cm

10위 적층형 캐비닛

라이프스타일에 관심이 많은 독신 남성들의 문의도 종종 받지만 아무래도 이 제품의 주 고객은 가족이다. 새집에 이사를 가면서 '이번에야말로 수납을 효율적으로 해서 깔끔하게 살아야겠다'고 결심한 고객들이 특히 많이 찾는 제품이다. 부품을 조립하여 원하는 형태를 만들 수 있는 것, 전기선을 통과시킬 구멍 위치를 선택할 수 있는 것이 특징이다.

적층형 캐비닛 C세트
떡갈나무 / 162.5×39.5×165cm

부드러운 색상으로 변신한 바느질 코너

무인양품 제품을 활용하여 효과적인 수납을 실천하는 것으로 잘 알려진 고바야시 씨.
자질구레한 바느질용품을 깔끔하게 정리하는 법을 공개했다.

아담한 작업 공간. 옆에는 다리미판을 세워두고 안쪽은 수납 공간으로 사용한다. 최근에 수납장 내부의 수납용품 색상을 통일하여 더욱 깔끔하게 정리했다.

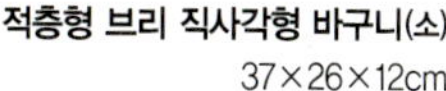

적층형 브리 직사각형 바구니(소)
37×26×12cm

적층형 라탄 직사각형 바구니용 뚜껑
36×26×3cm

적층형 라탄 직사각형 바구니(소)
36×26×12cm

적층형 라탄 직사각형 바구니(소)
손잡이식 / 15×22×9cm

MDF 소품 수납 박스 3단
8.4×17×25.2cm

MDF 소품 수납 박스 6단
8.4×17×25.2cm

MDF 소품 수납 박스 1단
25.2×17×8.4cm

고바야시 씨는 벽 및 바닥 색과 잘 어울리는 MDF 시리즈를 선택했다. 천연 소재로 통일하니 더욱 따뜻한 분위기가 느껴진다.

1 하나의 서랍에 하나의 품목을

작은 서랍은 칸막이가 필요 없어서 좋다. '실과 바늘'처럼 항상 함께 쓰이는 물건은 한곳에 수납한다.

2 다림질 도구는 한데 모아 바구니에

매일 쓰는 다리미, 분무기, 다리미천 등 다림질용품을 한데 모아두면 일이 한결 수월해진다.

3 천은 무늬가 보이도록 수납한다

원단은 너무 깊숙이 넣어두면 방치되기 쉬우므로, 무늬가 보이도록 접어서 바구니에 가지런히 정리해놓는다.

고바야시 나오코

의료업에 종사하다가 결혼과 동시에 퇴직했다. 이후 정리 수납에 흥미를 느껴 컨설턴트 자격을 취득. 무인양품 제품을 이용한 수납법을 전수하는 강의로 인기를 끌고 있다.

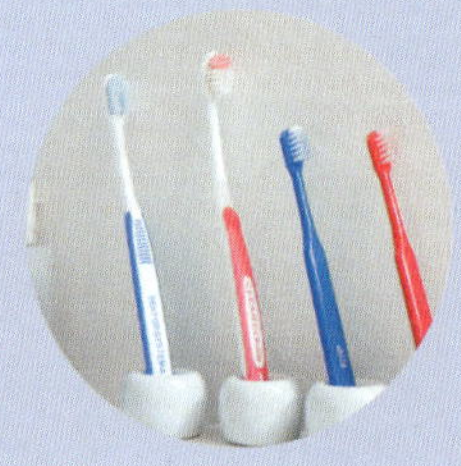

Part 3

절묘한 수납

아이디어가 가득한

파워 블로거의 집

아이디어가 가득한
파워 블로거의 생활공간
다양한 인테리어 스타일에 쓰인
무인양품의 사용법을 알아본다

단순한 디자인의 나무 가구에 북유럽 소품과
패브릭 소품을 곁들인 깔끔한 스타일의 집.
자질구레한 물건은 수납장 안에 모두 넣었다.

01

R. M.

자유자재로 바꿀 수 있는
만능 제품을 활용한다

따스한 촉감을 지닌 단순한 디자인의 나무 가구를 기본으로, 북유럽 소품과 패브릭 소품을 곁들여 재미를 더한 R씨의 기분 좋은 생활공간. '골수 팬'을 자처할 만큼 무인양품을 좋아하여 테이블과 서랍장 등 대형 가구뿐만 아니라 케이스와 상자 등 수납용품도 모두 무인양품으로 통일했다.

"무인양품은 디자인이 단순해서 주방이든 화장실이든, 어디서나 다양하게 쓸 수 있다는 게 가장 매력적이에요."

소파 앞의 낮은 테이블은 아이들이 그림 그리는 곳으로 주로 사용된다. 옷장과 서랍장 안의 수납용품은 모두 흰색 또는 반투명 케이스로 통일해 물건이 늘어날 때마다 하나씩 교체하도록 했다.

"크기가 맞지 않게 되어도 다른 곳에서 쓸 수 있어서 좋아요."

활용도가 높은 무인양품의 수납용품을 적절하게 사용한 덕분에 그녀는 매일 여유롭게 수납의 변화를 즐기고 있다.

마스킹 테이프는 전용 상자에

생활에 큰 도움이 되는 마스킹 테이프는 전용 나무 상자
에 보관한다. 테이프를 보기 좋게 수납할 뿐 아니라 뚜껑
을 닫아놓으면 고풍스러운 느낌이 나서 좋다.

청소용품은 큰 서랍에 몽땅

무인양품의 적층형 서랍에는 크기가 작은 청소용품을 보
관한다. 꽉 채우지 않고 듬성듬성 넣어 언제든 쉽게 꺼내
쓸 수 있도록 했다.

뒤엉키기 쉬운 전선은 바구니에 숨겨둔다

컴퓨터 케이블과 전원 멀티탭은 무인양품 라탄 바구니에
넣어 맨 밑에 두었다. 지저분한 선을 완벽히 감출 수 있
는 최선의 방법이다.

읽다 만 책과 잡지를 보관하는 곳

소파 옆에는 무인양품의 트레이 스탠드와 라탄 랙이 있
다. 차를 마시며 책을 읽을 수 있는 여유롭고 기분 좋은
공간이다.

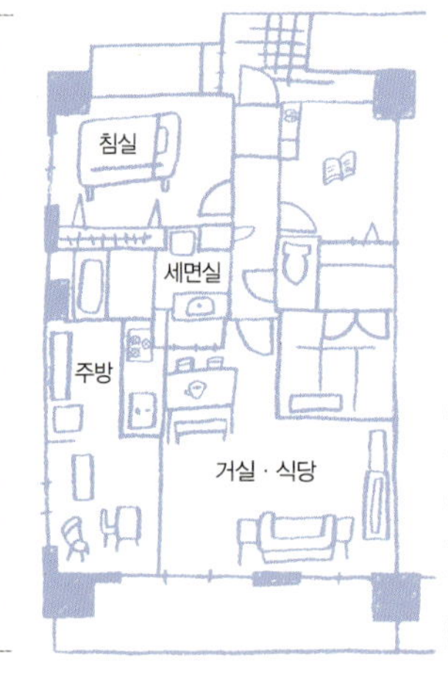

R. M.

무인양품과 북유럽 스타
일 소품, 식물을 무척 좋
아한다. 가구 배치 가이
드와 수납법, 쇼핑 후기
를 블로그 '양품 생활'에
게재하고 있다.
http://terumina22.
blog.fc2.com

- 4인 가족(부부, 아들, 딸)
- 아파트
- 거실 · 식당 · 주방 ·
  방 3개, 85m²
- 건축 시기 : 3년 전

스웨덴제 선반에는 R씨가 좋아하는 소품과
선반 크기에 딱 들어맞는 수납용품들이 함께 놓여 있다.

벤치, 테이블, 의자, 왼쪽에 보이는 캐비닛까지 전부
무인양품 제품이다. 식탁 밑 라탄 바구니에는 흘린
음식을 즉시 닦을 수 있는 수건을 넣어두었다.

벽장 속에도 수납용품으로 공간을 나눈다

벽장 내 모든 선반에 수납용품을 두어 공간을 알차게 활
용하고 있다. 내용물에 따라 서랍식 케이스와 파일 박스
를 나누어 쓴다.

자잘한 생활용품은 서랍에 넣고 이름표를 붙인다

폴리프로필렌 케이스 앞에 모눈 시트를 붙여 내용물이
보이지 않게 했다. 이름표가 있어서 아이들도 쉽게 정리
할 수 있다.

계절별로 재미있게 장식한다

계절과 기분에 따라 색을 바꿔가며 '이딸라'의 캔들 홀더
를 장식한다. 벽걸이 선반 덕분에 벽면 활용이 자유롭고
재미있어졌다.

북유럽 소품과 식물이 조화롭게

아끼는 북유럽 소품과 식물을 무인양품 가구에 곁들여
장식했다. 바구니 안에는 별로 쓰지 않는 집 전화기를 숨
겨놓았다.

식품은 종류별로 나누어 수납한다

주방 옆 캐비닛에는 식품과 주방용품이 들어 있다. 역시
나 서랍과 문 안쪽에는 보관 용기와 균일가 케이스 등이
칸막이로 활약하고 있다.

벽에 걸린 에코백에는 부피 큰 물건을 보관

벽에 걸어둔 3봉 행거는 흰색 페인트로 직접 칠했다. 왼쪽 가방에는 도시락 주머니가, 오른쪽 가방에는 재활용 종이가 들어 있다.

디자인이 아름다운 물건은 '보여주는 수납'으로

레인지 주변에는 자주 쓰는 양념병과 조리도구가 놓여 있다. 계란말이 팬과 토스터 팬은 흔들리지 않는 무인양품 후크에 걸어놓았다.

큰 접시를 나란히 세워서 보관하면 넣고 빼기 편하다

큰 접시를 겹쳐서 보관하면 하나씩 빼기가 힘들지만 무인양품의 칸막이 스탠드에 세워서 보관하면 한 손으로도 쉽게 넣고 뺄 수 있다.

폭이 넓은 파일 박스는 주방용품 수납에 편리하다. 덕분에 들쭉날쭉한 도시락 용기와 채소 탈수기도 깔끔하게 세워서 수납한다.

책 표지가 보이는 전면 책장을 활용한다

"책의 표지가 보이면 아이가 그림책을 자주 읽어요"라는 R씨. '임스 체어'는 아이가 항상 책을 읽는 독서 지정석이다.

서랍 달린 낮은 테이블은 아이의 화방

낮은 테이블은 아이가 그림 그릴 때 주로 사용하는 자리. 서랍 속에는 낙서장과 크레용이 있다.

식당 한쪽에 어린이 코너를 만들었다. 그랬더니 주방에서도 아이가 보여서 안심이 된다. 나무색과 흰색으로 이루어진 공간에 파란색 의자가 포인트다.

무인양품의 적층형 선반은 처음에는
가로 3줄뿐이었지만 나중에 한 줄을
추가해서 수납 용량을 늘렸다. 주방
놀이 세트는 이케아에서 구입한 것.

1 어린이집의 가정통신문은 서류 트레이에 보관한다

가정통신문이 들어 있는 2단 서류 정리 트레이. 위 칸에
는 정기적으로 나오는 통신문을, 아래 칸에는 확인해야
할 중요한 통신문을 보관하고 매월 초 정기적으로 내용
을 확인하여 정리한다.

2 언제 추가해도 딱 들어맞는 크기와 모양

무인양품의 브리 바구니는 크기가 선반에 딱 들어맞는
데다 여러 개 겹칠 수 있어서 편리하다. 아이들이 매일
신을 양말은 스스로 선택하도록 했다.

3 아이들도 쉽게 다룰 수 있는 골판지 파일 박스

모양이 제각각인 책과 교재를 파일 박스에 깔끔하게 수
납했다. 파일 박스는 아이들도 쉽게 다룰 수 있도록 가볍
고 부드러운 골판지 재질로 선택했다.

사진은 언제든 볼 수 있도록 앨범에 꽂아둔다

사진은 수시로 인화하여 단순한 디자인의 무인양품 앨범
에 정리한다. 손에 딱 맞는 두께라서 그런지 아이들도 자
주 꺼내 본다.

종류별로 상자에 수납하면 통째로 옮길 수 있어서 편리하다

장난감은 이케아 정리함에 종류별로 수납한다. 아이는
갖고 놀고 싶은 장난감이 든 상자를 통째로 가져와 확 쏟
아부은 뒤 마음껏 논다고 한다.

손님이 있을 때는
롤스크린으로
살짝 가려요!

세탁기 위 선반의 수납용품을 흰색으로 통일했더니 아주 청결해 보인다. 세제 종류는 용기를 교체하거나 라벨을 떼어내서 너저분한 느낌을 없앴다.

칫솔 스탠드도 가지런히

세면대 위에는 무인양품 칫솔 스탠드를 가족 수대로 줄지어 세워놓았다. 덕분에 아이도 이를 닦고 나면 칫솔을 보기 좋게 꽂아둔다.

손잡이 달린 케이스라면 높은 선반에 두어도 꺼내기 쉽다

위쪽 선반의 손잡이 달린 케이스에는 청소용품과 생활용품이 들어 있다. 이렇게 비슷한 용도의 물건을 한곳에 모아두면 일의 효율이 좋아진다. 손잡이 케이스는 균일가 브랜드 '세리아' 제품이다.

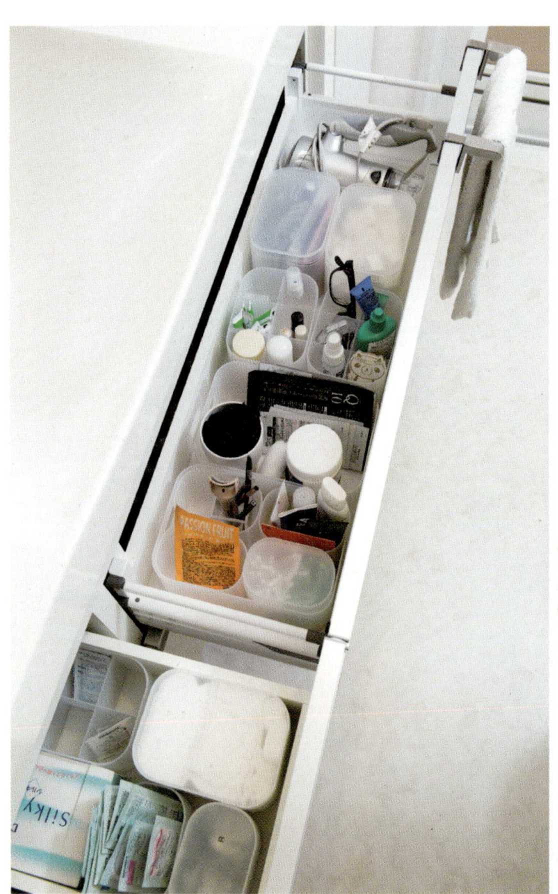

쓰면서 하나씩 추가하는 효율적인 시스템

화장품 상자는 다양한 크기의 제품을 자유롭게 선택할 수 있다. 특히 병 종류는 사진처럼 칸막이함 안에 넣어 보관하는 것이 가장 깔끔하다. 품목별로 추가해가며 조금씩 조정하는 중이다.

02

S. N.

DIY로 개성 있는
공간을 창조한다

흰 공간에 램프와 시스템 수납 가구를 곁들여 19세기풍으로
연출했다. 램프는 '루이스 폴센', 의자는 '임스 체어'이다.

심플한 수납 가구와 19세기풍 소품이 만났다

건설기계 제조업체를 운영하는 부모님을 둔 S씨. 어릴
때부터 물건 만드는 공장을 보고 자라서인지 만들기에
소질이 있었고, 3년 전에 집을 지은 후에는 DIY에 몰두
하는 중이다. 특히 가구는 거의 스스로 만들거나 부모님
께 제작을 의뢰한다.

"개집은 제가 그린 설계도를 보고 아버지가 만들어주신
거예요. 하단 부분은 예전에 쓰던 서랍을 재활용해서 애
견용 장난감 등을 보관하는 용도로 쓰고 있어요. 아들의
책상도 다리는 부모님이 만들어주시고 상판은 제가 만들
어 붙인 거예요. 직접 만들면 크기와 색을 마음대로 조정
할 수 있는 점이 가장 좋아요."

소품과 가구는 '루이스 폴센'이나 '임스 체어' 등 19세기
풍의 브랜드 제품으로 통일했다. 덕분에 좋아하는 물건
으로 가득한 생활공간에서 개성 넘치는 생활을 즐기고
있다.

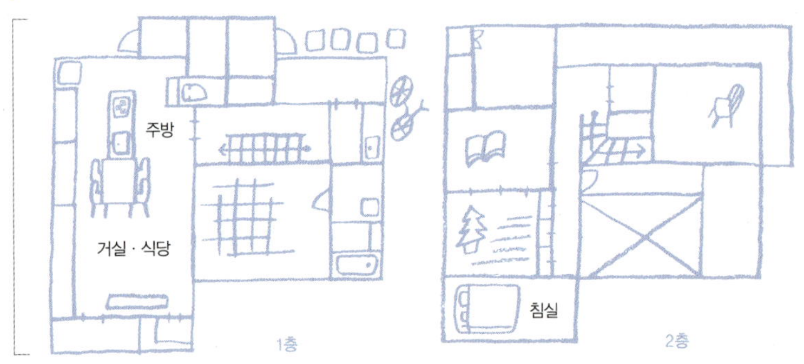

거실의 벽면을 따라 책상을 설치했다.
이곳은 S씨가 업무도 보고 블로그도 관리하는 공간이다.

S. N.

블로그 'life with design을 지향하며'를 통해 자택을 완성하기까지의 과정을 공개했다. 그 후 일상생활에서부터 인테리어와 DIY 요령까지, 집 꾸미기 관련 내용을 블로그에 게재하는 중이다.
http://lifewithdesign2011.blog.fc2.com

- 3인 가족(부부, 아들)
- 단독주택
- 거실 · 식당 · 주방 · 방 3개, 140m²
- 건축 시기 : 3년 전

소품만 바꿔도 분위기가 달라지는 거실

거실 벽면에는 이케아의 장식 선반을 달았다.
"계절별로 소품과 액자 안의 작품을 바꿔서 변화를 주고
있어요."

주방용품도 인테리어 소품처럼

교토(京都)에서 잡화점을 둘러보던 중에 구입한 저울과
나무 상자. 유리병과 식물의 조합이 주방에 다채로움을
더한다.

반려동물의 쾌적한 수납 공간까지

강아지 두 마리를 키우는 집답게 개집, 먹이 보관함, 개
가 발 씻는 곳 등 반려동물의 쾌적한 생활까지 배려한 아
이디어가 눈에 띈다.

최근 쇼핑 리스트 | **수제 개집, 그리고 재활용 서랍 케이스**

아르와 로이, 두 애견이 생활하는 개집은 손수 제작한 작품이다. "제
가 그린 설계도를 보고 아버지가 만들어주셨어요"라고 말하는 S씨.
하부에는 무인양품 서랍 케이스를 추가하여 그릇과 장난감 등을 수
납할 공간을 확보했다.

거실까지 한눈에 보이는 효율적인 공간 배치가 특히 눈에 띈다.
밖으로 드러난 소품까지 최소화하여 깔끔한 정리 상태를 유지한다.

1 수납의 편의와 미관을 고려하여 고른 식기들

식기는 거의 흰색 아니면 검은색이다. 수납장 안에는 칸막이 선반을 넣어서 수납 용량을 늘렸다.
"겹쳐서 보관하기 좋은 식기를 주로 구입해요."

2 액체 양념은 예쁜 병에 옮겨 담는다

간장이나 맛술 등 액체 양념은 이케아의 예쁜 병에 전부 옮겨 담았다. 정리한 후로 요리가 한결 더 즐거워졌다.

3 단번에 꺼낼 수 있는 수납법

오븐용품과 조리도구를 모아둔 서랍. 아크릴 케이스를 활용하여 세워두었더니 필요한 물건을 꺼내기가 훨씬 쉬워졌다.

디자인이 아름다운 물건은 '보여주는 수납'으로

남편이 사온 시럽은 병이 예뻐서 일부러 집어넣지 않고 그냥 두었다.
"자주 쓰지 않더라도, 예쁜 물건은 밖에 꺼내놓는답니다."

식물을 추가하여 더욱 청결한 느낌으로

새하얀 주방 공간에는 아주 작은 식물만 곁들여도 신선한 느낌이 든다. 양초는 붉은 냅킨에 올려놓아 포인트를 주었다.

반짝이는 파란색 타일이 인상적인 세면실. 많은 양을 수납할 수
있는 벽면 수납장 덕분에 물건이 외부에 노출되지 않아 깔끔하다.
거울 문을 열면 수납 선반이 나타난다. S씨용 선반에는 화장 도구,
헤어 제품 등이 종류별로 수납되어 있다.

1 한 손으로 드라이어를 꺼낼 수 있도록

직접 설치한 레일에는 드라이어를 걸어놓았다.

"한 손으로 꺼내서 쓴 뒤 척 걸어놓으면 되니, 바쁜 아
침 시간에 아주 유용해요."

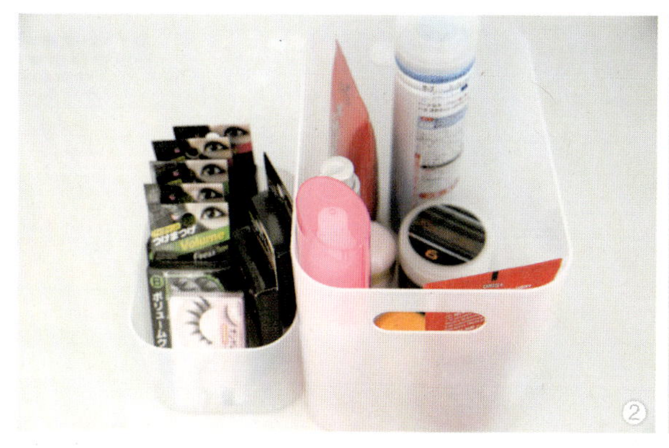

2 병 종류는 화장품 상자에 수납한다

헤어 스타일링에 필요한 물건들은 무인양품 화장품 상자
에 수납한다. 손잡이가 있어서 넣고 빼기 편하다.

3 아크릴 케이스에는 헤어 액세서리를

무인양품의 아크릴 케이스에는 자주 쓰는 헤어 액세서리
를 보관한다. 투명해서 내용물이 한눈에 보인다.

4 매일 나오는 세탁물은 감추는 수납으로

인터넷으로 구입한 쓰레기통을 빨래 바구니로 쓰고 있
다. 일단 여기 집어넣으면 세탁물이 눈에 띄지 않아 깔끔
하다.

5 자주 쓰는 물건은 걸어서 보관한다

봉에 거는 무인양품 클립을 이용해 세탁용 브러시나 망
은 쉽게 꺼낼 수 있도록 걸어서 수납한다.

세탁 공간도 깔끔해 보이도록 흰색으로 통일

세탁기 옆 세탁 공간은 욕실 바로 옆이라서 세탁용품 외
에 목욕 수건도 함께 보관한다. 싱크대가 있어서 무척 편
리하다.

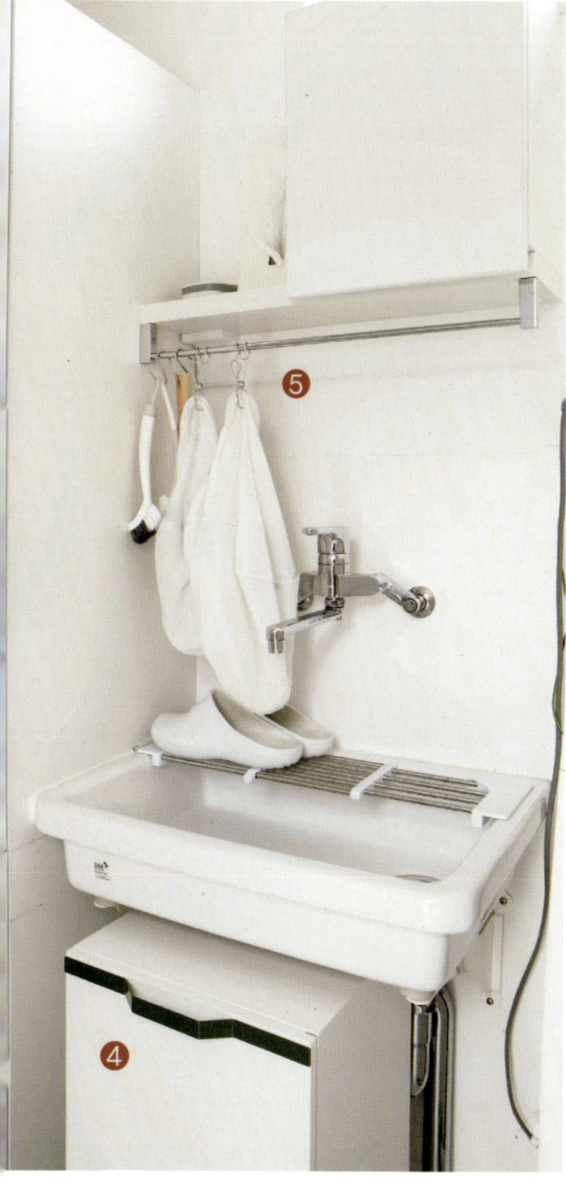

파란색을 기본으로 경쾌한 분위기로 완성한 6살 아들의 방.
책상과 의자는 할아버지와 엄마의 합작품이다.

장난감은 한데 모아 수납한다
자동차와 기차를 무척 좋아하는 아이가 스스로 정리할
수 있도록 장난감을 한데 모으고, 3개의 서랍장에 나누
어 수납했다.

놀이 장소까지 쉽게 이동시킬 수 있는 장난감 수납함
아이가 자주 갖고 노는 장난감은 무인양품의 바퀴 달린
서랍장에 보관한다. 집 안 어디든 끌고 가서 놀 수 있어
서 무척 편리하다.

벽걸이 가구를 DIY 페인팅으로
벽에 걸린 장식 선반은 아이 방에 어울리는 파란색으로
페인팅한 후 미니카를 전시했다.

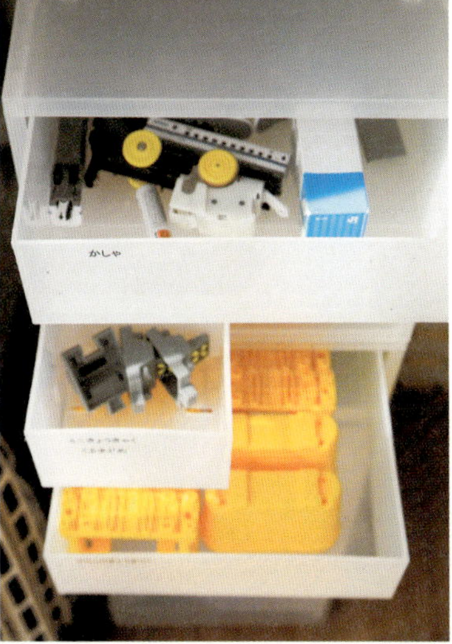

아이 방과 침실 사이의 복도에 설치된 수납 선반.
수납 상자와 파일 박스를 흰색으로 통일하여 답
답한 느낌이 들지 않도록 했다.

여백과 소품이 공존하는 곳

"수납 상자가 꽉 들어차 있으면 답답해
보일 것 같아서 일부러 여백을 남겨두었
어요."
S씨는 소품은 모두 검은색으로 통일했다.

가벼운 종이 작품은 종이 상자에

'펠로즈'의 은행용 상자에는 특히 아끼는 물건을 보관한
다. 단, 종이 재질이라서 아이의 만들기 작품 등 무게가
나가지 않는 것을 주로 넣는다.

흰색의 세련된 수납용품을 애용한다

'보여주는 수납'에는 주로 흰색 수납용품을 활용하는 S씨.
모서리에 금색 장식이 있는 이케아 수납 상자에는 아이
의 책과 교과서가 들어 있다.

가족의 옷은 드레스룸에 전부 모여 있다. 자주 입는 옷은 옷걸이
에, 철 지난 옷은 의류 케이스와 수납 상자에 보관한다. 아침이든
저녁이든 가족 전원이 한곳에서 옷을 갈아입을 수 있도록 꾸몄다.

미끄럼 방지 옷걸이를 활용한다

옷걸이는 독일 '마와' 제품으로 통일했다. 특히 바지 전
용 옷걸이를 잘 활용하면 옷을 보관하는 것이 한결 수월
해지면서 깔끔하게 정돈된다.

가방은 고르기 쉽도록 가방 수납함에 수납한다

자주 쓰는 가방은 인터넷에서 구입한 직물 수납함에 보
관한다. 봉에 거는 타입으로, 7개의 가방을 한꺼번에 수
납할 수 있는 것이 장점이다.

Fellowes.
BANKERS BOX
703
BOX NO.
冬物アクセサリー
CONTENTS

세련된 이미지가 마음에 들어 구입한 '도요키친 스타일'의 시스템 주방.
오키 씨의 주방에는 언제나 식물이 놓여 있다.

03

오키 사토미

흑백의 인테리어로
전체의 조화를 꾀한다

**매장을 방문하기 전에 필요 치수를
면밀히 조사하여 쇼핑 성공률을 높인다**

오키 씨는 취미가 발전하여 직업이 된 대표적인 경우이
다. 원래 인테리어와 수납을 무척 좋아해서 정리 수납 전
문가와 하우스키핑 코디네이터 자격을 취득했으며, 지금
도 매일 수납용품을 조사하면서 더 쾌적한 라이프스타일
을 모색하고 있다. 그중에서도 최근에 눈길을 끄는 것은
세련된 흑백 인테리어와 잘 어울리면서도 기능성이 뛰
어난 무인양품과 이케아 제품들이다. 상품의 디자인뿐만
아니라 크기 및 형태에도 주목하여 쇼핑 전에 반드시 빈
공간의 치수를 측정하는 등의 치밀함도 엿볼 수 있다.
"쇼핑의 성공률을 높이려면 새로 산 물건을 어디에 둘지
미리 정해놓고 매장을 방문하는 것이 좋아요. 그래서 인
터넷 홈페이지나 카탈로그를 보고 사전 조사를 하는 과
정이 중요하죠. 새로운 카탈로그가 나오거나 상품 목록
이 갱신되는 건 언제나 가슴 설레는 일이에요."

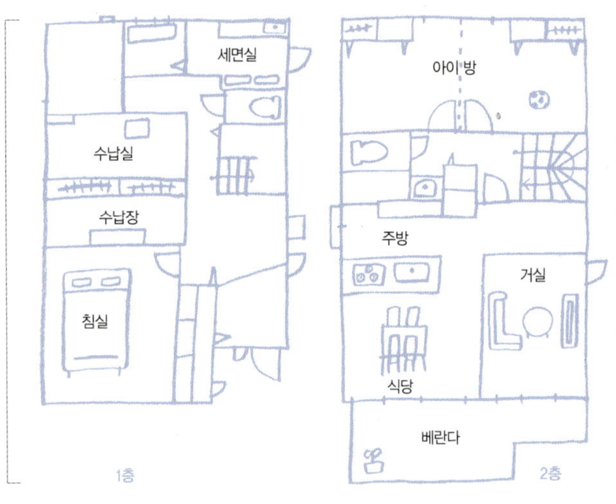

오키 사토미

정리 수납 전문가 및 하우스키
핑 코디네이터 자격증을 취득
했다. 매일 블로그로 인테리어
스타일과 수납 요령을 공유하
고 있다.
http://wagamichilife.jp

● 4인 가족(부부, 두 아들)
● 단독주택
● 거실 · 식당 · 주방 · 방 3개,
  130m²
● 건축 시기 : 8년 전

다양한 용기를 함께 써서 편의성과 공간 효율을 최대로

서랍 속에 크기가 제각각인 용기를 여러 개 넣어서 빈틈없는 수납 공간을 구
성했다. 무엇보다 처음부터 주방 가위나 깡통 따개, 계량컵 등 도구의 길이에
맞는 용기를 선택했다. 모서리가 둥글어서 물건을 꺼내기도 쉽다.

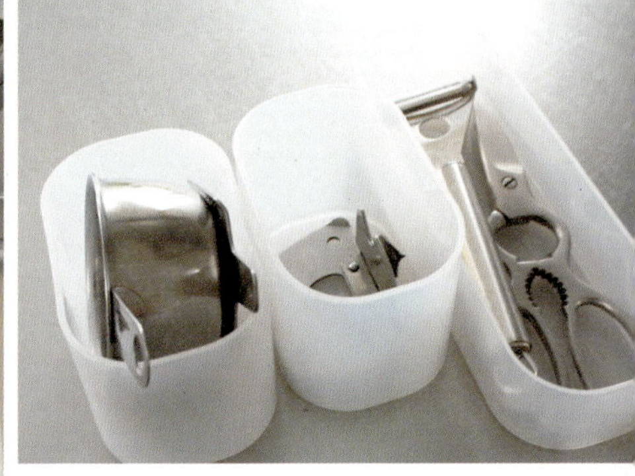

넓은 서랍은 2가지 영역으로 구분 가능

서랍 속 수납용품의 색상은 흑백으로 통일했다. 폭이 넓은 서랍이라 오른쪽은 정리 도구 영역, 왼쪽은 청소 도구 영역으로 대략 구분해 쓰고 있다.

알록달록 랩 케이스 대신 전용 케이스에

싱크 하단 서랍에는 티슈와 지퍼 백, 클립을 넣어두었다. 랩 종류는 케이스를 교체하거나 종이 냅킨으로 감싸서 색을 통일시켰다.

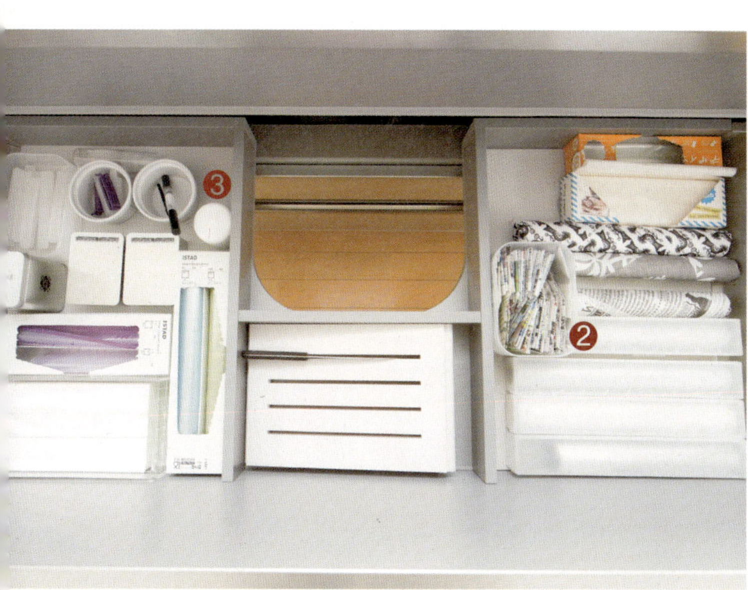

1 평평한 물건을 수납할 때는 파일 박스를 이용

저울이나 냄비 받침, 오븐 용기 등 평평한 물건은 무인양품의 파일 박스에 세워서 보관하면 물건이 흐트러지지 않고 공간도 절약된다.

2 환경 보호와 편리한 생활을 동시에 실현하는 간단한 아이디어 소품

무인양품의 화장품 상자에는 채소 껍질 등 물기 없는 음식찌꺼기가 생겼을 때 편리하게 쓸 수 있는 일회용 쓰레기통이 들어 있다. 환경을 보호하면서도 편의성을 꾀할 수 있는 아이디어다.

3 스프레이 병에 화장수를 담아 손 닿는 곳에

화장수와 손톱용 오일을 담은 스프레이 병을 주방 서랍에 넣어두었다. 집안일을 끝낸 후 곧바로 손을 관리할 수 있어 무척 편리하다.

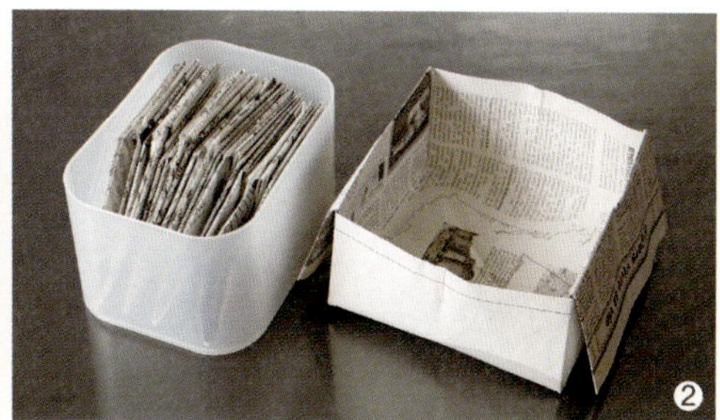

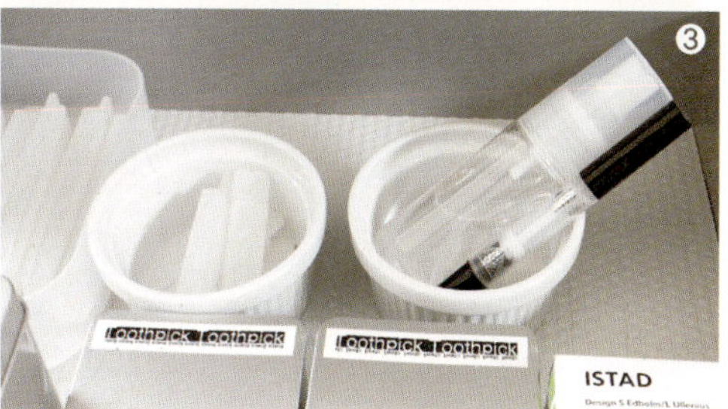

갈아입을 옷과 수건 등 자잘한 물건을 바구니와 상자에 담아두면
욕실이 깔끔해진다. 액자 장식은 공간에 재미를 더한다.

가족이 갈아입을 옷은 바구니에 보관

오키 씨가 즐겨 쓰는 무인양품의 라탄 바구니. 속옷 종류
를 돌돌 말아 세워서 수납하면 쉽게 꺼내 입을 수 있다.

흘림 방지 매트를 깔아놓으면 세제가 흘러도 안심

부분 세탁용 세제 밑에 매트를 깔아서 세제 때문에 가구
가 지저분해지지 않도록 했다. 세탁실을 항상 청결하게
유지하기 위한 소소한 아이디어다.

미용용품은 화장실에 보관

세면대 주변에는 물건을 되도록 두지 않는 것이 원칙이
다. 단, 세면실에 꼭 필요한 면봉과 화장 솜, 쓰레기통 등
은 때가 잘 타지 않는 트레이에 모아둔다.

최근 쇼핑 리스트 | 알루미늄 머그잔

단순한 디자인이 마음에 들어서 구입한 머그잔. 관엽 식물
을 심어 거실 테이블에 놓아두었다. 식물은 공간 전체를 촉
촉하게 만드는 효과가 있어 인테리어에 꼭 필요한 요소다.

주방 안쪽의 작은 창고에는 요리책과 육아 관련 서류, 청구서 등
을 보관한다. 무인양품의 바퀴 달린 선반은 좁은 공간의 수납에
서도 활용도가 높다.

1 수건을 깔고 덮어서 내용물을 가리고 오염을 방지
폭이 좁은 창고 속에도 쏙 들어가는 무인양품의 철제 선
반. 서랍 안에는 수건을 깔고 물통 등을 넣어두었다.

2 깊은 서랍 속에는 수납 케이스를
바퀴 달린 선반의 서랍 안에 수납 케이스를 넣고 그 안에
비닐봉지와 종이봉투를 수납했다. 수납을 변경할 때도
케이스만 통째로 옮기면 되니 편리하다.

책장과 이케아 선반을 장난감과 그림책의 자리로 정해놓아 아이가
스스로 정리할 수 있도록 했다. 레고 전용으로 쓰는 선반의 녹색
케이스 안에는 부품을, 흰색 케이스 안에는 완성품을 보관한다.

뚜껑이 있어 내용물이 쏟아지지 않는 수납 상자
"아이들이 레고를 너무 좋아해서 큰일이에요."
나날이 불어나는 레고 부품을 수납하기 위해 뚜껑 달린
상자를 구입했다.

카페처럼 연출된 식당 공간. 벽에 선반을 달아
좋아하는 '무민' 캐릭터 등의 소품을 장식했다.

04

후쿠야마 가나

감추는 수납과
보이는 수납을 생각한다

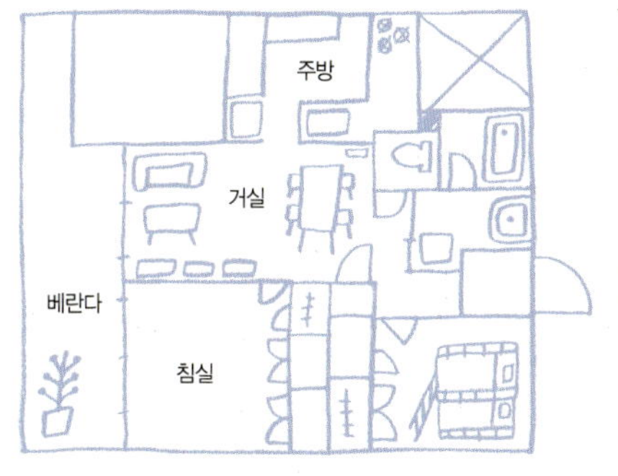

후쿠야마 가나

두 아이의 일상을 블로그 '츠보(つぼ)'에 올리고 있다. 허무하지만 어쩐지 웃겨서 자꾸 보게 되는 매력적인 내용으로 인기를 끌고 있다. 블로그에는 아이들 이야기뿐만 아니라 후쿠야마 씨가 무척 좋아하는 북유럽 인테리어 및 소품에 관한 정보도 많다.
http://plaza.rakuten.co.jp/fukutubo

- 4인 가족(부부, 아들, 딸)
- 아파트
- 거실 · 식당 · 주방 · 방 3개, 75.64m²
- 건축 시기 : 5년 전

상부 공간은 일부러 비워
카페 같은 인테리어로 꾸민다

"아기자기한 소품이 장식된 카페 같은 공간을 만들고 싶었어요"라는 후쿠야마 씨. '카이 보예센'의 목제 완구와 '무민' 캐릭터 등 후쿠야마 씨가 좋아하는 북유럽 소품을 감각적으로 장식했다. 이처럼 시선을 상부 공간에 집중시키고 전체 공간은 되도록 깔끔하게 유지하는 것이 후쿠야마 씨의 스타일이다. 물건을 최대한 줄여서 여유가 느껴지도록 만드는 것이 그녀의 목표다.

잡다한 물건은 단순한 디자인의 바구니를 활용하여 철저히 감춘다. 묵직해 보이는 대형 수납 상자는 하단에, 성글게 짠 바구니나 크기가 작은 상자는 상단에 배치하여 공간이 전체적으로 경쾌한 인상을 풍기도록 했다. 벽면 후크나 선반은 여기에 재미를 더하는 요소다. 후쿠야마 씨는 "깔끔한 벽면도 후크와 선반을 추가하면 눈길을 사로잡는 장식 코너로 변신한답니다"라며 눈을 빛낸다.

주방 카운터에는 자주 쓰는 물건이 수납되어 있다. 주전자 등 디자인이 아름다운 물건은 카운터 위에 꺼내놓고 자질구레한 물건은 하단의 상자 안에 감춘다.

하단에는 무거운 바구니, 상단에는 가벼운 바구니
벽에 설치된 후크에는 내용물이 훤히 보이는 바구니를 가볍게 걸어놓았다. 하단에는 무인양품 바구니를 활용한 '감추는 수납'을 적용했다.

수납 상자는 주방에서도 활약 중!
카운터 아래 수제 선반에서도 수납 상자가 활약한다. 특별히 아끼는 그릇과 컵은 주방 카운터 위에 꺼내놓아 장식적인 효과를 노렸다.

알록달록한 아동용품도 전부 '감추는 수납'으로

아이들도 쉽게 꺼내 쓸 수 있도록, 카운터 밑에 아동용 컵과 물티슈 등 식당에서 자주 쓰는 물건을 수납했다.

무인양품의 수납 상자에 잡다한 물건을 수납한다

오른쪽 상자에는 근채류, 왼쪽 상자에는 양념류와 깨, 커피 필터 등 자잘한 물건을 모아놓았다. 필요할 때는 상자를 통째로 이동시킬 수 있어서 편리하다.

첫인상을 좌우하는 현관은 깔끔하게 유지

현관에 달아놓은 3봉 행거에 외출용품을 걸고 소품을 추가했더니 실용성과 장식성을 겸비한 장식 코너가 탄생했다.

벽면 후크를 활용하면 아이도 정리의 달인으로

아이도 물건을 스스로 정리할 수 있도록 후크를 낮은 곳에 달았다. 아이의 키에 따라 높낮이를 조절할 수 있는 편리한 후크다.

구급 케이스에는 구조가 필요한 물건을 수납

매번 장난감 상자를 뒤집어가며 찾아야 했던 아들의 수집품인 티켓을 무인양품 구급 케이스에 모아놓았다. 이제 수집품을 소중하게 보관할 수 있게 되었다.

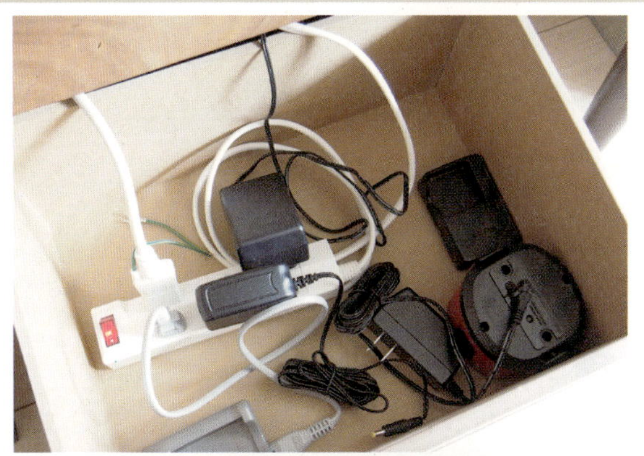

TV 주변도 깔끔하게

TV와 컴퓨터 사이에 수납장을 두었다. 수납장의 하단 서랍 안에는 지저분한 전기선이 들어 있다.

컴퓨터용 CD나 DVD 등도 외부에 내놓지 않고 서랍 안에 깔끔하게 보관한다. 리모컨 등도 같은 곳에 모아둔다.

큼직한 수납 상자는 하단에, 장식 소품은 상단에 배치하는 식으로 벽면 가득한 수납 선반을 알차게 채웠다. 또 침대 프레임과 침대 밑 수납함의 색상을 비슷하게 맞춰서 공간 전체에 차분한 느낌을 더했다.

침대 밑 공간까지 수납에 활용

수납할 곳이 마땅치 않은 철 지난 침대 시트와 커버는 침대 밑에 보관한다. 서랍용 목제 칸막이를 활용하면 수납 공간을 자유롭게 나누어 쓸 수 있다.

장식 코너를 마련하여 편안한 휴식이 있는 침실로

무인양품의 벽걸이 선반을 소품 및 작은 조명으로 장식했다. 단, 일어날 때 머리가 부딪히지 않는 위치에 설치하도록 주의한다.

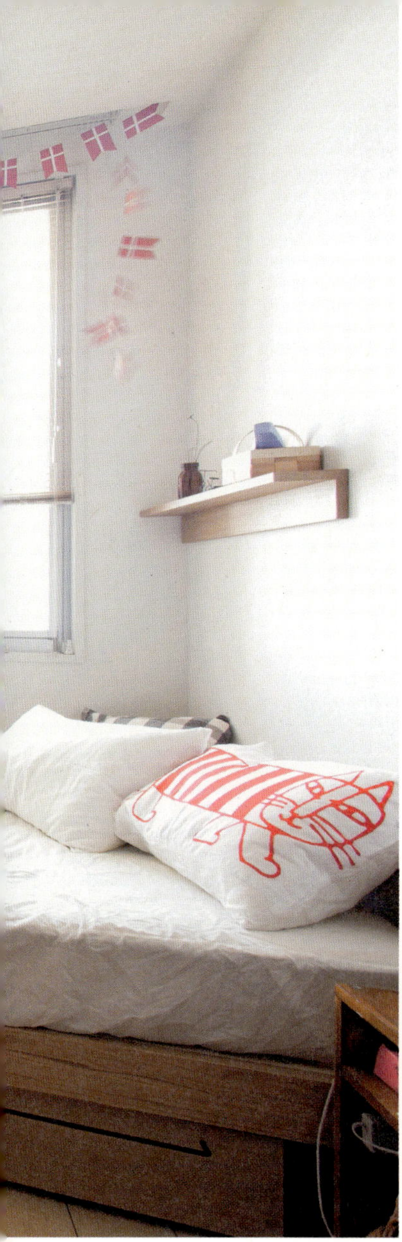

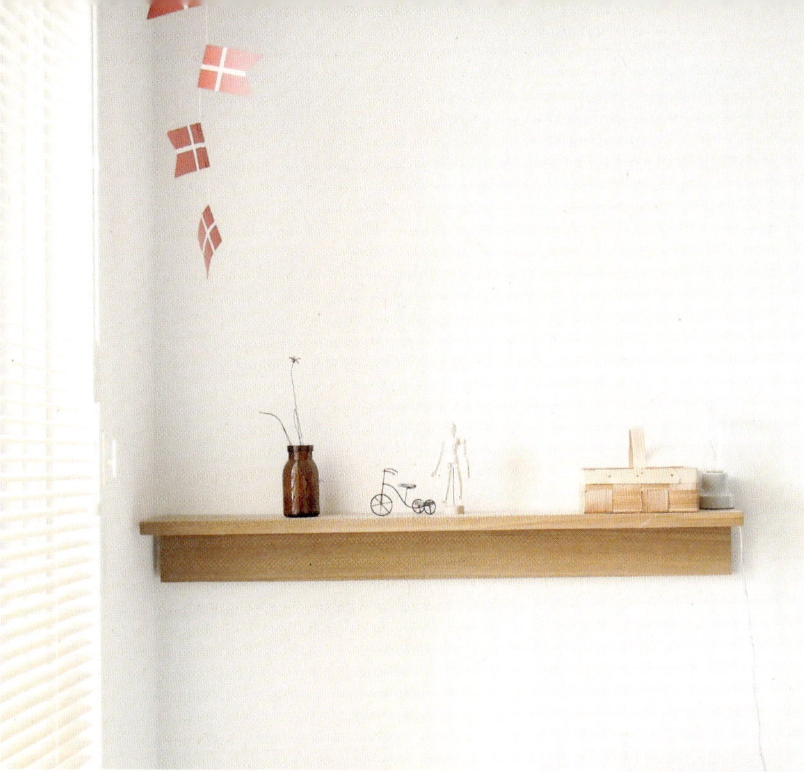

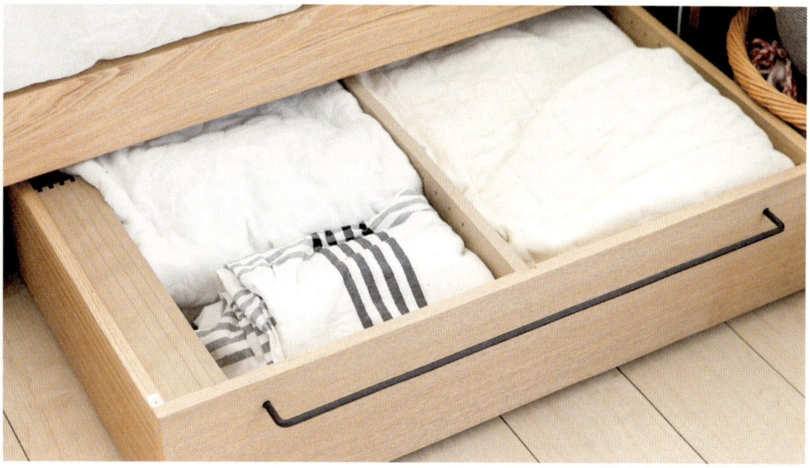

최근 쇼핑 리스트 | **원목 벤치**

창가에 두고 화분을 올려놓거나 뜻밖의 손님이 찾아왔을 때 보조 의자로 쓰는 등 다용도로 활용한다. 건조대에 걸기 전의 세탁물을 잠시 보관하기에도 안성맞춤.

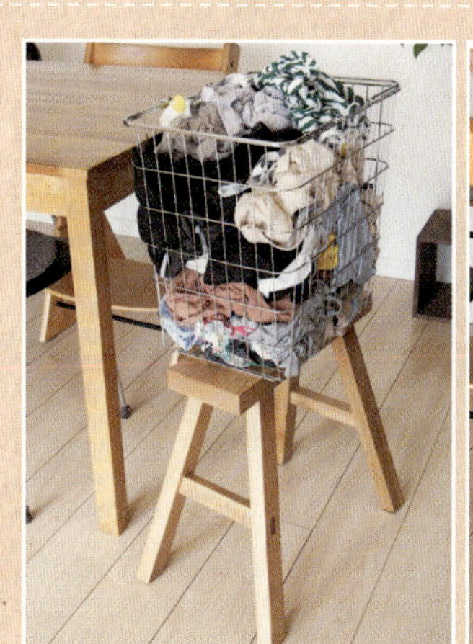

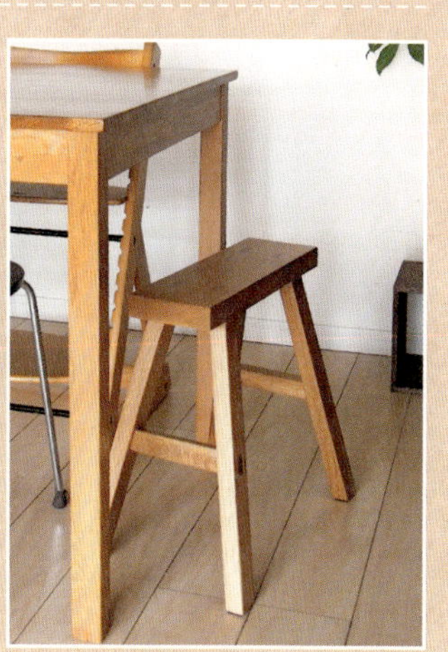

보기 좋은 액세서리 수납

무인양품의 '골수 팬' R. M. 씨.
그녀의 기능적이면서도 아름다운 액세서리 수납법을 공개한다.

액세서리는 굳이 안에 넣지 않고 "내가 무엇을 갖고 있는지 보이게 수납하고 있습니다"라고 말하는 R 씨. 긴 목걸이는 벽걸이에.

고르기 쉽고 꺼내기 쉬운 액세서리 스탠드

귀걸이를 걸어서 수납하게 되어 있는 스탠드형 케이스.
귀걸이가 한눈에 들어와서 원하는 귀걸이를 쉽게 꺼내 쓸
수 있다.

자주 쓰는 시계는 즉시 꺼낼 수 있도록 상단에 보관

뚜껑을 열자마자 상단의 물건을 바로 꺼낼 수 있어 편리
하다. 쌓아 올릴 수 있으니 물건이 늘어날 때마다 하나씩
추가하면 된다.

적층형 아크릴 케이스 2단
뚜껑식 서랍(대) /
25.5×17×9.5cm

**적층형 아크릴 케이스용
벨루어 내부 칸막이 상자**
세로형 / 회색 /
16×12×2.5cm

아크릴 목걸이 · 귀걸이 스탠드
6.7×13×25cm

소중한 액세서리를 매장의 진열장처럼 한눈에 보이도록 수
납할 수 있는 아크릴 수납용품 시리즈.

무인양품과 북유럽 스타일 소품, 식물
을 무척 좋아한다. 가구 배치 가이드와
수납법, 쇼핑 후기를 블로그 '양품 생
활'에 게재하고 있다.

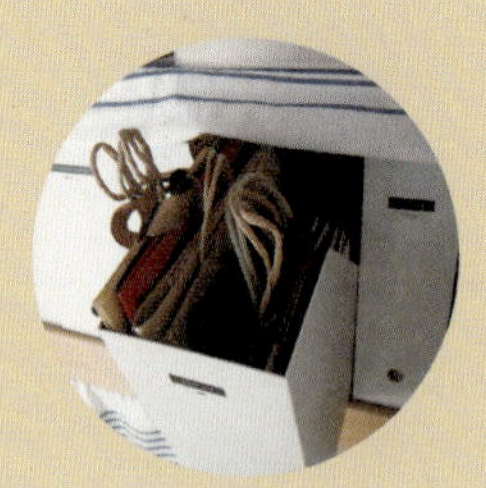

はたらく
じどうしゃ

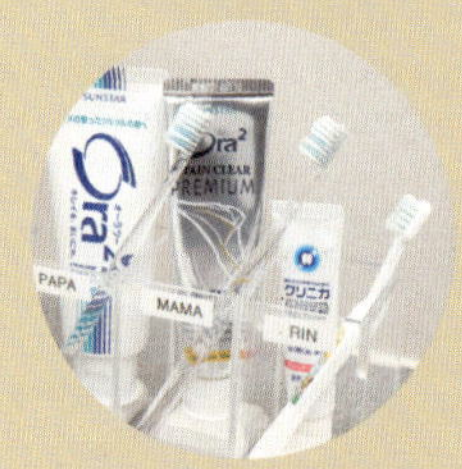

Ora²
BRUSHBAR
PREMIUM
PAPA
MAMA
クリニカ
RIN

Part 4

무 인 양 품 의

스 테 디 셀 러

15품목과 그 활용법

생 활 의 　 패 러 다 임 을 　 바 꾼

무 인 양 품 의 　 스 테 디 셀 러

당 신 의 　 수 납 　 아 이 디 어 를

더 욱 　 샘 솟 게 　 할 　 것 이 다

폴리프로필렌 케이스

깊은 타입과 얕은 타입, 편리한 칸막이가 있는 것 등 사양과 크기가 다양하니 수납할 물건에 따라 자유롭게 선택해보자.

작은 그릇을 안전하게 보관하기 위한 수납 아이디어

사발이나 작은 접시 등은 겹쳐놓으면 무너져서 깨지기 쉬우니 수납용품 안에 넣어 보관하는 것이 좋다. 높이 14cm인 이 서랍은 그릇을 많이 겹쳐놓을 수 없어서 오히려 안전하고 그릇을 꺼내기도 쉽다.

▶ 폴리프로필렌 케이스 · 서랍식 · 깊은 타입

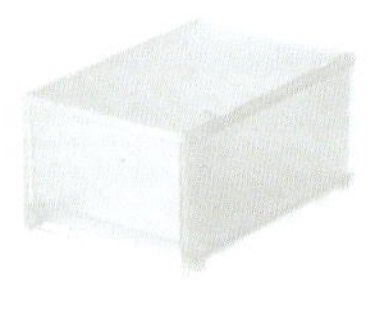

폴리프로필렌 케이스
서랍식 / 깊은 타입 /
26×37×17.5cm

폴리프로필렌 케이스
서랍식 하프 / 깊은 타입
1개(칸막이 있음) /
14×37×17.5cm

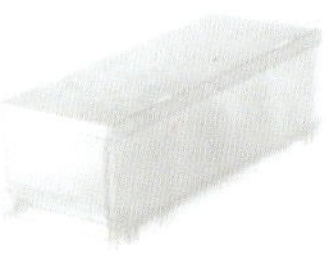

폴리프로필렌 케이스
서랍식 하프 / 깊은 타입
1개(칸막이 있음) /
14×37×12cm

폴리프로필렌 케이스
서랍식 / 얕은 타입 2개
(칸막이 있음) /
26×37×12cm

폴리프로필렌 케이스
서랍식 / 깊은 타입 2개
(칸막이 있음) /
26×37×17.5cm

내용물을 가리고 싶다면 직물을 활용한다

'마리메코' 직물을 종이에 컬러 복사하여 안에 든 속옷을 가렸다. 주변 분위기와 계절에 따라 마음에 드는 직물로 바꾸어 장식하는 것도 재미있을 것이다.

▶ 폴리프로필렌 케이스 · 서랍식 · 깊은 타입

유리잔을 먼지 없이 보관하고 싶을 때 필요한 수납용품

보관이 까다로운 유리잔의 경우, 폴리프로필렌 케이스 안에 넣어두면 먼지도 방지하고 안전도 확보할 수 있다. 절반 크기의 서랍식 케이스는 가로 폭이 짧아서 싱크대 밑이나 식기장 하부 등 빈 공간에 두기에도 적당하다.

▶ 폴리프로필렌 케이스 · 서랍식 하프 · 깊은 타입 1개(칸막이 있음) / 이나바 씨의 집(45쪽)

칸막이 부품을 활용하여 소품을 자유자재로 수납한다

건전지는 크기별로 구분하여 보관하는 것이 편리한데, 이 서랍은 칸막이가 각각 3개씩 있어 건전지를 보관하기에 안성맞춤이다. 그뿐 아니라 약이나 화장품, 도시락 용품 등 소품 정리에도 유용하다.

▶ 폴리프로필렌 케이스 · 서랍식 · 얕은 타입 2개(칸막이 있음)

재고 상황이 훤히 보여서 관리하기 편해요

일회용 육수 주머니나 김 등 개별 포장이 된 식품은 큰 봉지에서 꺼내서 보관해야 공간을 절약하고 재고 상황을 즉시 파악할 수 있다. 무인양품의 칸막이 케이스는 티백 또는 개별 포장된 육수 주머니에 맞는 크기이니 잘 활용해보자.

▶ 폴리프로필렌 케이스 · 서랍식 · 얕은 타입 2개(칸막이 있음)
▶ 폴리프로필렌 케이스 · 서랍식 · 깊은 타입 2개(칸막이 있음)

산뜻한 외관과 튼튼한 구조 덕분에 다양한 장소에서 사용할 수 있다. 수납에 관심 있는 사람이라면 하나쯤은 갖고 있을 법한 품목이라 할 수 있다.

쓰레기봉투도 파일 박스에 수납하면 편리하다

쓰레기봉투도 종류별로 잘 접어서 파일 박스에 수납하면 필요할 때마다 쓰레기봉투를 찾아다니지 않아도 되어 집안일이 훨씬 수월해진다.

▶ 폴리프로필렌 파일 박스 · 스탠더드 타입 · A4용 · 회백색

폴리프로필렌 파일 박스
스탠더드 타입 / A4용 /
회백색 / 10×32×24cm

폴리프로필렌 스탠드 파일 박스
A4용 / 회백색 /
10×27.6×31.8cm

폴리프로필렌 파일 박스
스탠더드 타입 와이드 /
A4용 / 회백색 /
15×32×24cm

폴리프로필렌 스탠드 파일 박스
와이드 / A4용 / 회백색 /
15×27.6×31.8cm

쇼핑백은 크기별로 분류하여 '감추는 수납'으로

쇼핑백은 한곳에 모으기보다 크기별로 나누어 보관하는
것이 좋다. 자주 쓰는 작은 크기의 쇼핑백을 파일 박스에
수납하면 주방과 현관 등 필요한 곳에 깔끔하게 보관할
수 있다.

▶ 폴리프로필렌 스탠드 파일 박스 · 와이드 · A4용 · 회백색
▶ 폴리프로필렌 스탠드 파일 박스 · A4용 · 회백색

파일 박스를 세로로 세워놓으면 칸막이 선반으로 변신

원단이 부드러워서 금세 쓰러지는 가방도 파일 박스를
세로로 세우고 하나씩 넣어두면 깔끔하게 보관할 수 있
다. 눕혀서 겹쳐놓을 때보다 골라서 꺼내기도 훨씬 쉬워
진다.

▶ 폴리프로필렌 파일 박스 · 스탠더드 타입 · A4용 · 회백색

적층형 라탄 직사각형 바구니

어떤 스타일의 인테리어와도 잘 어울리는 라탄 소재는 가볍고 다루기 쉬우며 감촉도 부드러운 것이 장점이다. 무인양품 적층형 라탄 바구니는 쌓아 올릴 수 있어서 더욱 편리하다.

어떤 인테리어 스타일과도 잘 어울리는 최고의 수납용품

수예용품이나 자주 쓰지 않는 액세서리 등 수납할 곳이 마땅치 않은 물건을 집어넣기 좋다. 잡다한 물건을 몽땅 감춰주는 라탄 바구니는 모던한 가구와도 잘 어울린다. 또 여러 개를 나란히 사용하면 공간 전체가 단정하고 차분해 보인다.

▶ 적층형 라탄 직사각형 바구니(대)

기저귀를 떼면 장난감 통으로

소형 라탄 바구니는 다양한 용도로 쓰이는 만능 품목으로 기저귀가 딱 들어맞는 크기다. 기저귀를 떼면 장난감 통이나 과자 통으로 써도 된다. 여러 개를 한꺼번에 사가는 고객이 많은 인기 상품이다.

▶ 적층형 라탄 직사각형 바구니(소)

적층형 라탄 직사각형 바구니(대)
36×26×24cm

적층형 라탄 직사각형 바구니(소)
26×18×12cm

적층형 라탄 직사각형 바구니(소)
36×26×12cm

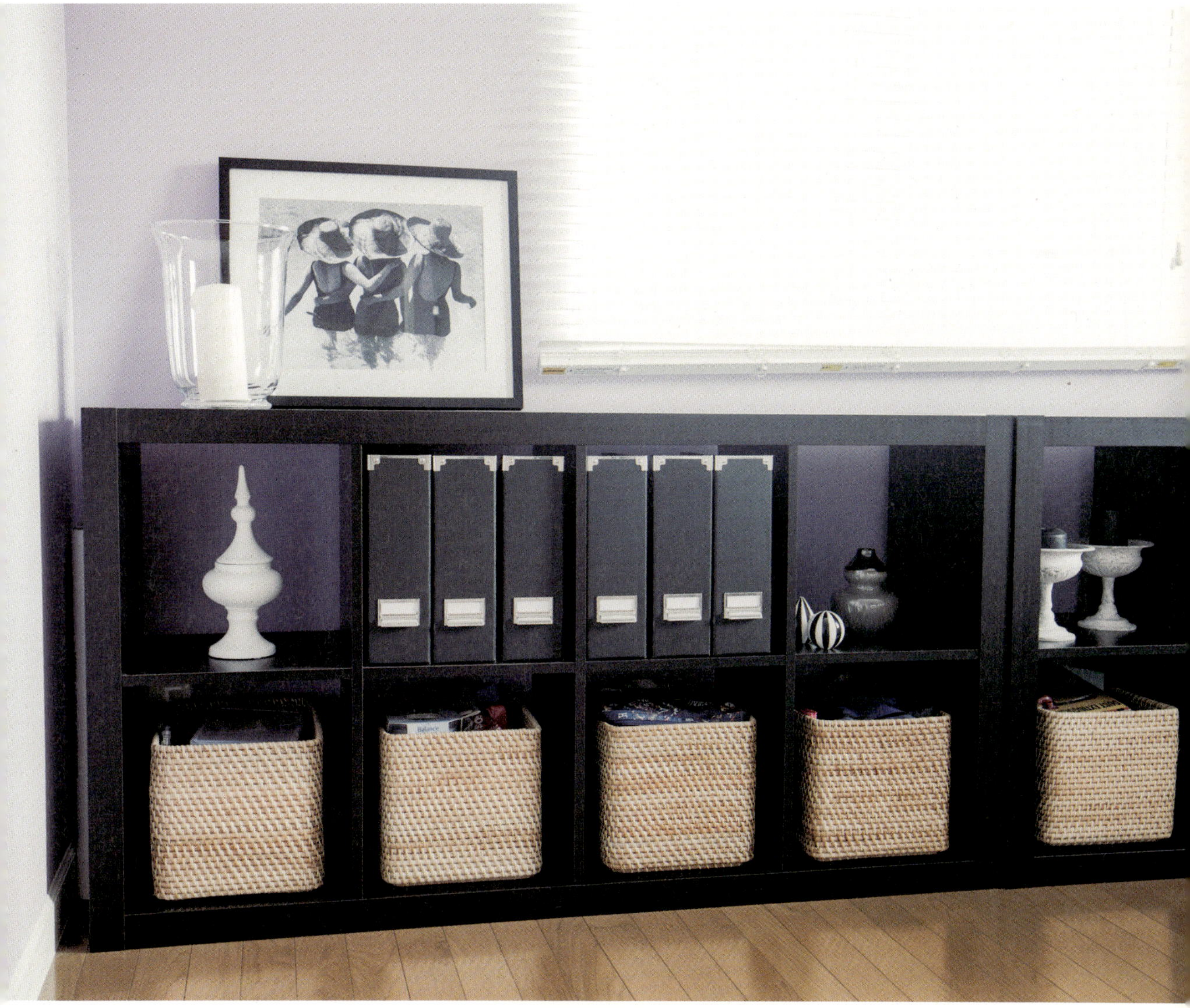

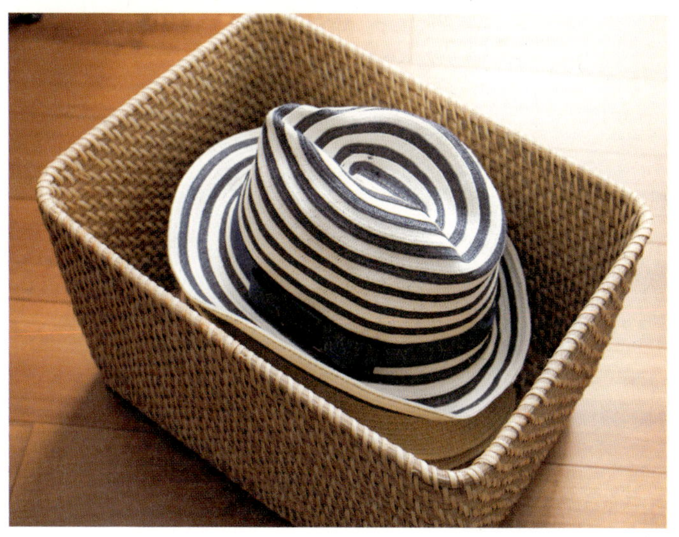

밀짚모자나 중절모도 쏙 들어가는
높이 24cm의 넉넉함

이 바구니에 철 지난 잡화를 싹 쓸어 넣고 옷장 위 선반에 올려놓자. 이렇게 큰 바구니는 밀짚모자나 목도리 등 부피가 큰 물건을 수납하기에 적당하다.

▶ 적층형 라탄 직사각형 바구니(대)

먼지가
신경 쓰인다면
전용 뚜껑을
추가하세요.

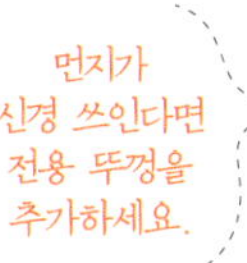

매일 쓰는 어린이집 용품을 바로 꺼낼 수 있는 곳에 보관

주방 카운터 한구석의 바구니에 아이가 매일 쓰는 컵과 수저를 넣어놓았다. 씻어 말려서 여기에 넣어두기만 하면 식사 중에 언제든 꺼내서 쓸 수 있다.

▶ 적층형 라탄 직사각형 바구니(소)

즉시 닦을 수 있도록 식당 주변에 수건 보관

무인양품의 원목 벤치 아래의 바구니 속에는 수건이 들어 있다. 이렇게 해두면 어린아이가 음식을 흘려서 옷이나 손을 더럽혔을 때 곧바로 닦아낼 수 있어서 편리하다.

▶ 적층형 라탄 직사각형 바구니(대) / R. M. 씨의 집(93쪽)

손님이 방문했을 때 그대로 꺼내놓을 수 있는 티 세트

커피, 홍차, 녹차, 설탕 등을 한데 모아놓은 티 세트. 따스한 느낌의 라탄 바구니에 이렇게 모아두면 갑자기 손님이 방문했을 때도 즉시 테이블에 꺼내놓고 대접할 수 있다.

▶ 적층형 라탄 직사각형 바구니(소)

스테인리스 와이어 바구니

가볍고 녹이 잘 슬지 않는 스테인리스 와이어 바구니. 손잡이를 안쪽으로 넣으면 겹쳐놓을 수도 있다. 다카하시 씨(62쪽)가 개발한 상품이다.

책장에 꽂으면 들쭉날쭉해지는 작은 그림책을 수납한다

'스테인리스 와이어 바구니 1'은 책장과 옷장에 쏙 들어가는 작은 크기로 장난감이나 그림책 등을 정리하여 수납하기에 유용하다. 손잡이가 있어 여기저기 들고 다니기도 편하다.

▶ 스테인리스 와이어 바구니 1

주방의 잡다한 물건을 한데 모아 보관한다

주방에서는 보존 용기와 랩, 양념 등을 보관하는 용도로 쓰인다. 제자리가 아직 정해지지 않은 잡다한 물건을 잘 분류하여 넣은 뒤 쌓아놓으면 주방이 깔끔해진다.

▶ 스테인리스 와이어 바구니 4

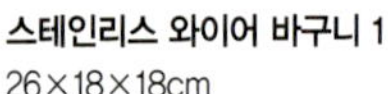

스테인리스 와이어 바구니 1
26×18×18cm

스테인리스 와이어 바구니 4
37×26×18cm

소파 옆에 두고
잡지꽂이로 써도
좋아요!

경질 펄프 박스

가볍고 질긴 배달 전용 상자와 같은 소재로 만들어졌다. 튼튼한 구조로 오래 써도 망가지거나 구겨지지 않는 것이 장점이다.

얇은 서랍 타입은 문구와 소품 정리에 유용하다

검정색 펄프의 거친 분위기 덕분에 팬이 많은 경질 펄프 박스 시리즈. 얇은 서랍 타입은 문구나 카드 등 자잘한 생활용품을 수납하기에 최적이다.

경질 펄프 박스 서랍식 2단
25.5×36×16cm

<table>
<tr><td>ITEM 06</td><td>

적층형 체스트 서랍

</td></tr>
</table>

적층형 선반과 조합하여 쓸 수 있는 서랍이다. 기존의 책장이나 벽장의 빈 공간에 두어도 무방하다.

리모컨과 DVD 등을 감추는 데 최적인 수납 가구

적층형 선반에 TV나 오디오를 올려놓는 사람도 많은데, 리모컨과 DVD가 쏙 들어가는 크기의 적층형 체스트 서랍 2단을 함께 사용하면 더욱 깔끔하고 편리하다.

▶ 적층형 체스트 서랍 2단 / 후쿠야마 씨의 집(127쪽)

적층형 체스트 서랍 2단
떡갈나무 / 37×28×37cm

<table>
<tr><td>ITEM 07</td><td>

폴리에스테르 · 면 · 마 혼방 소프트 박스

</td></tr>
</table>

아이들도 쉽게 들 수 있을 만큼 가벼운 재질이다. 안감이 코팅되어 있어서 물로 닦을 수 있고, 쓰지 않을 때는 작게 접어서 보관할 수 있다.

폴리에스테르 · 면 · 마 혼방
소프트 박스 직사각형(대)
37×26×34cm

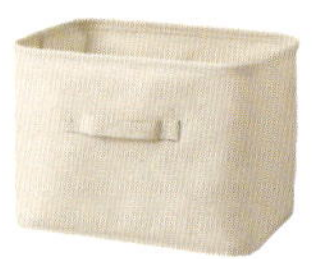

폴리에스테르 · 면 · 마 혼방
소프트 박스 직사각형(중)
37×26×26cm

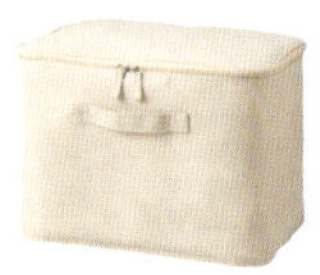

폴리에스테르 · 면 · 마 혼방
소프트 박스 직사각형(중)
뚜껑식 / 37×26×26cm

화장실 휴지 수납

큰 직사각형 타입에는 화장실 휴지 18개가 딱 맞게 들어간다. 티슈나 휴지를 여기에 수납하면 보기에도 좋고 재고를 한눈에 파악할 수 있어 편리하다.

▶ 폴리에스테르 · 면 · 마 혼방 소프트 박스 직사각형(대)

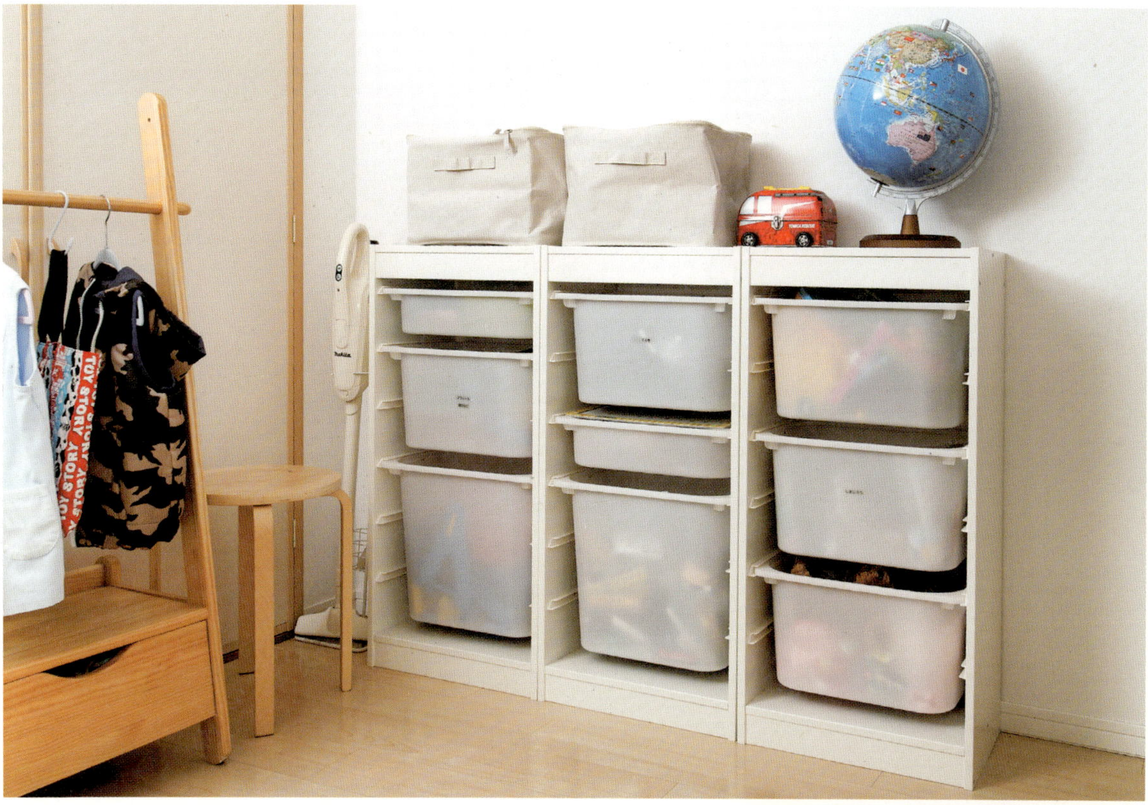

넣고 빼기 쉬워서 장난감 통으로 대인기

선반에 나란히 올려놓으면 서랍 대용으로도 쓸 수 있다. 자잘한 장난감을 분류하여 넣고 손잡이에 내용물을 찍은 사진을 붙였더니 아이들도 스스로 장난감을 정리하게 되었다. 무인양품 적층형 선반에 딱 맞는 크기라서 더욱 편리하다.

▶ 폴리에스테르 · 면 · 마 혼방 소프트 박스 직사각형(대) / 이나바 씨의 집(45쪽)

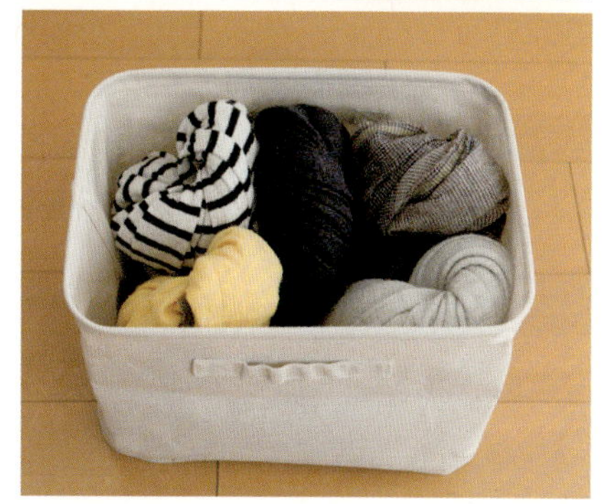

목도리는 돌돌 말아 수납하면 공간이 절약된다

크기가 제각각인 목도리나 스카프는 돌돌 말아서 보관하면 공간을 절약할 수 있고 골라서 꺼내기도 쉬워진다. 이 소프트 박스는 손잡이도 있고 가벼워서 옷장 상단에 올려놓아도 금세 꺼낼 수 있는 것이 장점이다.

▶ 폴리에스테르 · 면 · 마 혼방 소프트 박스 직사각형(중)

상자를
외부에 꺼내놓을 때도
먼지가 앉지 않도록
뚜껑을 덮어놓아요.

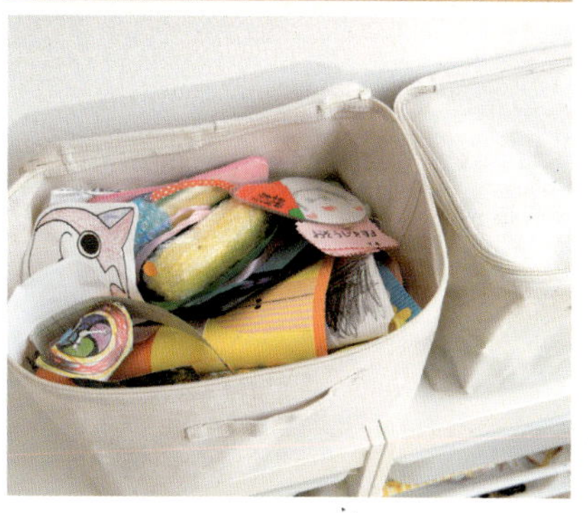

아이의 만들기 작품은 뚜껑 달린 상자에 넣어 먼지가 쌓이지 않도록 수납

점점 불어나는 아이의 만들기 작품. 종이로 만든 가벼운 것이 대부분이므로, 아이가 다루기 쉬운 직물 소재의 상자를 마련해주고 스스로 정리하도록 한다. 뚜껑이 있어서 먼지가 쌓이지 않는 이 상자에는 가장 아끼는 작품만 골라 보관하면 안성맞춤이다.

▶ 폴리에스테르 · 면 · 마 혼방 소프트 박스 직사각형(중) · 뚜껑식 / R. M. 씨의 집(93쪽)

폴리에스테르 · 면 · 마 혼방 직물점착
침대 밑 수납 상자

깊이가 59cm나 되어 많은 양을 수납할 수 있다. 가로로든 세로로든 꺼낼 수 있도록 손잡이가 두 방향으로 달려 있다.

필요할 때 바로 꺼낼 수 있도록 이름표를 붙여둔다

침대 밑과 옷장 상단에 두기 좋은 대용량 수납 상자. 수건이나 물놀이용품, 침낭 등 자주 쓰지 않는 물건을 수납한 경우, 겉에 이름표를 붙여놓아야 그 물건이 필요할 때 금세 찾을 수 있다.

▶ 폴리에스테르 · 면 · 마 혼방 직물점착 침대 밑 수납 상자

폴리에스테르 · 면 · 마 혼방 직물점착
침대 밑 수납 상자 39×59×18cm

폴리에스테르 · 면 · 마 혼방 홀더

가방, 셔츠, 소품을 편리하면서도 보기 좋게 수납하는 홀더. 질긴 소재라서 가방까지 안심하고 보관할 수 있다.

진열대처럼 깔끔하게 일주일분의 셔츠를 넣어둔다

셔츠는 깔끔하게 접어서 보관해야 모양이 망가지거나 구겨지지 않는다. 일주일 동안 입을 의상을 고려하여 요일별로 나눠 놓으면 더 편리하다. 한편 소품 홀더는 모자와 목도리, 벨트 등을 수납할 때 유용하다.

a **폴리에스테르 · 면 · 마 혼방 셔츠 홀더**
   30×35×72cm
b **폴리에스테르 · 면 · 마 혼방 가방 홀더**
   15×35×70cm
c **폴리에스테르 · 면 · 마 혼방 소품 홀더**
   15×35×70cm

아크릴 수납용품

문구, 화장품, 액세서리, 안경, DVD, 티슈 등 다양한 물건을 수납할 수 있도록 다양한 크기와 사양이 준비되어 있다. 내구성이 있는 소재라서 흠집이 잘 나지 않는 것이 장점이다.

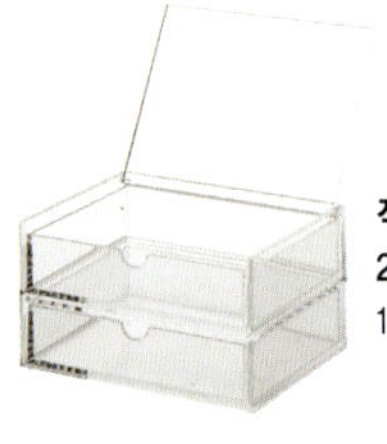

적층형 아크릴 케이스 2단 · 뚜껑식 서랍
17.5×13×9.5cm

적층형 아크릴 케이스 2단 · 서랍(대)
25.5×17×9.5cm

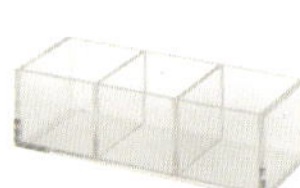

아크릴 소품 스탠드(대)
13×8.8×9.5cm

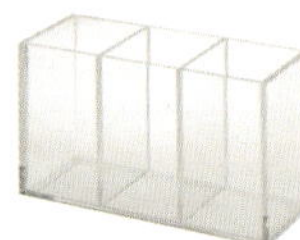

적층형 아크릴 칸막이 스탠드 · 하프(소)
17.5×6.5×4.8cm

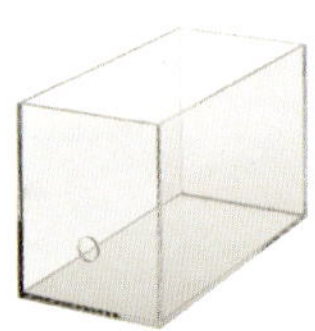

적층형 아크릴 칸막이 스탠드 · 하프(대)
17.5×6.5×9.5cm

적층형 아크릴 CD 상자
13.5×27×15.5cm

아크릴 소품 수납 상자 3단
8.7×17×25.2cm

계속 불어나기 쉬운 문구류는 보이는 수납으로 관리

무인양품으로 가득한 문구 코너. 문구는 서랍 속에 마구잡이로 넣어두면 찾지 못해서 또 사들이게 되니, 나도 모르게 양이 점점 늘어나기 쉽다. 그러므로 이렇게 꺼내놓고 깔끔하게 보관하는 것이 좋다.

▶ 적층형 아크릴 케이스 2단 · 뚜껑식 서랍
▶ 아크릴 소품 스탠드(대)

액세서리를 보호해주는 벨루어 칸막이

벨루어 칸막이는 액세서리 보관에 꼭 필요한 제품으로, 소중한 보석의 손상을 막아준다. 목걸이 또는 귀걸이 형태에 맞는 다양한 칸막이가 나와 있으니 자유롭게 선택해보자.

▶ 적층형 아크릴 케이스 2단 · 서랍(대)

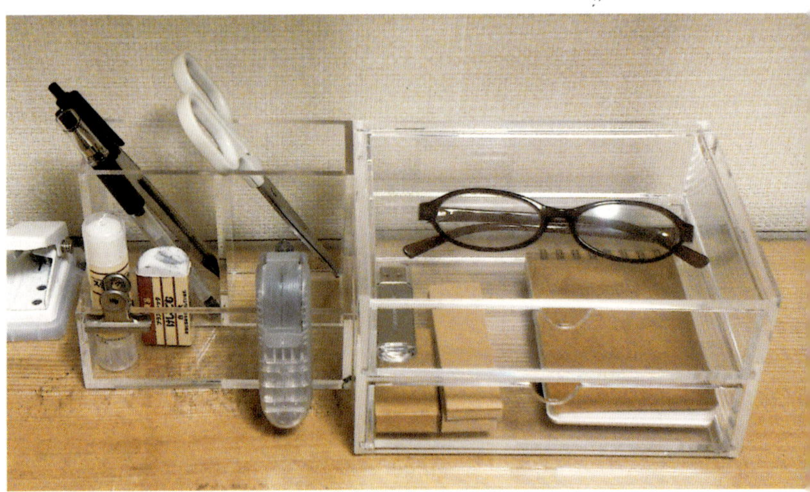

바쁜 아침 시간을 절약해줄 3인용 양치 세트

가족이 각각 다른 치약을 쓸 경우, 이처럼 각자의 칫솔
세트를 마련해두면 바쁜 아침 시간을 절약할 수 있다. 게
다가 안이 투명하게 비치므로 지저분해지는 즉시 닦을
수 있어 위생적이다.

▶ 적층형 아크릴 칸막이 스탠드 · 하프(대) / 이나바 씨의 집(45쪽)

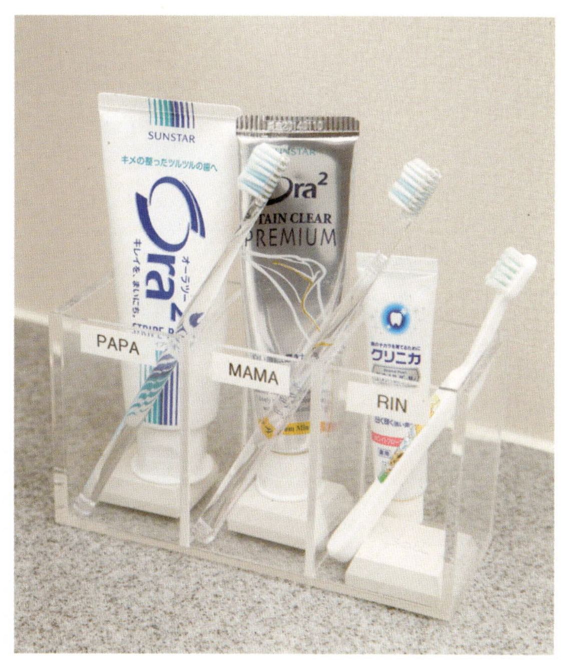

기초 화장품의 재고 관리가 수월한 스탠드 수납

넘어지기 쉬운 기초 화장품은 칸막이 스탠드에 세워두면
안전하고 편리하게 보관할 수 있다. 아직 쓰지 않은 새
화장품 역시 포장 상자에서 꺼내 스탠드에 수납하면 공
간을 절약할 뿐 아니라 한눈에 재고를 파악할 수 있다.

▶ 적층형 아크릴 칸막이 스탠드 · 하프(소) / 이나바 씨의 집(45쪽)

속이 훤히 비치는 만능 서랍

겹쳐서 써도 되지만 나란히 늘어놓고 서랍처럼 써도 괜찮다. 특히 자잘한 주방용품과 파티용품은 이처럼 투명한 상자에 넣어 관리해야 내용을 쉽게 파악할 수 있다.

▶ 적층형 아크릴 CD 상자 / 우스이 씨의 집(11쪽)

상자에 넣어두면 넘어질 염려가 없다

쌓아놓기 불안한 물건도 CD 상자만 있으면 안전하고 아름답게 보관할 수 있다. 투명해서 답답한 느낌이 들지 않는 아크릴 수납용품은 주방에서도 대단히 쏠모가 많다.

▶ 적층형 아크릴 CD 상자 / 우스이 씨의 집(11쪽)

아크릴 칸막이 선반

상부 공간의 수납 효율을 높여주는 칸막이 선반. 이렇게 공간을 2단으로 나누기만 해도 수납 용량이 훨씬 늘어난다.

공간을 아름답게 투영하는 투명함이 매력 포인트

일반적인 칸막이 선반은 공간을 답답하게 만들지만 투명한 아크릴 선반은 없는 것처럼 보이는 것이 무엇보다 매력적이다. 빛을 전혀 가로막지 않으므로 투명한 유리잔도 더 아름답게 빛난다.

▶ 아크릴 칸막이 선반(소) / 우스이 씨의 집(11쪽)
※ 단, 식기가 미끄러질 수 있으니 주의할 것.

식기장과 싱크 수납장의 비어 있는 상부 공간을 활용한다

접시를 여러 개 겹쳐놓으면 아래에 있는 접시를 꺼내기가 불편하다. 그러나 칸막이 선반을 활용하여 공간을 2단으로 나누면 더 많은 양을 수납할 수 있을 뿐만 아니라 그릇을 꺼내기도 한결 편리해진다. 무인양품의 아크릴 칸막이는 투명하여 어떤 그릇과도 잘 어울리는 것이 장점이다.

▶ 아크릴 칸막이 선반(소)
※ 단, 식기가 떨어질 수 있으니 주의할 것.

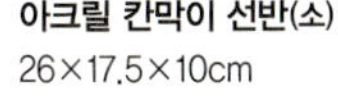
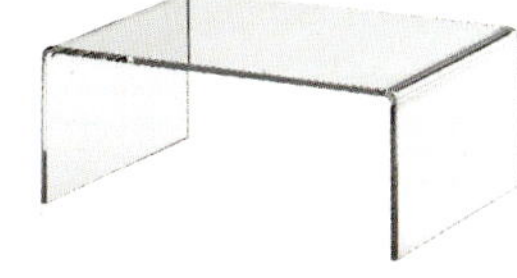
아크릴 칸막이 선반(소)
26×17.5×10cm

폴리프로필렌 화장품 상자

화장품뿐만 아니라 다양한 소품을 수납할 수 있는 화장품 상자. 같은 크기의 제품끼리 겹쳐놓을 수도 있다.

옷걸이를 가지런히 수납하면 빨래도 일사천리

서로 뒤엉키기 쉬운 옷걸이를 화장품 상자에 가지런히 넣어 보관하면 꺼내 쓰기도 편하고 보기에도 깔끔하다. 가벼운 데다 손잡이가 있는 무인양품 화장품 상자는 세탁물을 담아 건조대까지 이동시킬 때도 유용하게 쓰인다.

▶ 폴리프로필렌 화장품 상자

**폴리프로필렌
화장품 상자**
15×22×16.9cm

**폴리프로필렌
화장품 상자(대)**
뚜껑식 /
15×22×10.3cm

**폴리프로필렌
화장품 상자**
하프 /
15×22×8.6cm

내용물이 훤히 보이므로 식품의 재고 관리가 쉬워진다

집 안 어디서나 활약하는 무인양품의 화장품 상자. 주방
에서는 차와 건조식품을 보관하는 용기로 쓰이고 있다.
반투명해서 내용을 훤히 파악할 수 있는 것이 장점이다.

▶ 폴리프로필렌 화장품 상자

절반 크기의 제품은 핸드타월과 넥타이 보관함으로

절반 크기의 화장품 상자는 소품 수납에 적합하다. 핸드
타월이나 면도기 세트, 크림 등을 넣어 세면실에 두거나
넥타이, 벨트를 넣어 옷장 안에 두고 활용하자.

▶ 폴리프로필렌 화장품 상자 · 하프

화장 도구는 이동 가능한 수납함에 보관한다

화장품 상자의 트레이형 뚜껑에 거울을 붙이면 소파나
식당 등 편한 곳에서 언제든 화장을 할 수 있다. 화장품
양이 많아지면 여러 개를 겹쳐서 쓰면 된다.

▶ 폴리프로필렌 화장품 상자(대) · 뚜껑식
※ 단, 거울은 별매임.

폴리프로필렌 정리 상자

수저 또는 조리도구의 길이에 딱 맞게 제작된 케이스다. 기준 치수가 통일되어 있으므로 같은 시리즈의 제품 여러 개를 섞어서 써도 전체적으로 깔끔하게 정리할 수 있다.

사용 빈도가 높은 순서대로 수납하여 도시락 준비 시간을 단축한다

도시락을 준비하려면 꼬치나 김 절단기 등 자잘한 조리도구가 많이 필요하다. 이런 자잘한 물건일수록 정리 상자에 깔끔하게 정리해놓아야 잃어버릴 위험이 없다. 자주 쓰는 것부터 앞쪽에 수납하여 바쁜 아침 시간을 절약하자.

▶ 폴리프로필렌 정리 상자 1
▶ 폴리프로필렌 정리 상자 2
▶ 폴리프로필렌 정리 상자 4

폴리프로필렌 정리 상자 1
8.5×8.5×5cm

폴리프로필렌 정리 상자 2
8.5×25.5×5cm

**폴리프로필렌
정리 상자 3**
17×25.5×5cm

폴리프로필렌 정리 상자 4
11.5×34×5cm

냉장고 속 식품을 용도별로 분류하여 상자에 보관한다

잼과 버터 등을 함께 담거나 소스만 따로 분류하는 등 용도별로 식품을 나눠서 일목요연하게 관리할 수 있다. 깊이 25.5cm의 '폴리프로필렌 정리 상자 3'은 냉장고에 딱 맞는 크기라서 더욱 편리하다. 급할 때는 상자째로 식탁에 내놓아도 괜찮다.

▶ 폴리프로필렌 정리 상자 3

안쪽까지
손이 닿지 않는
냉장고 맨 위 칸까지
알차게 활용해요!

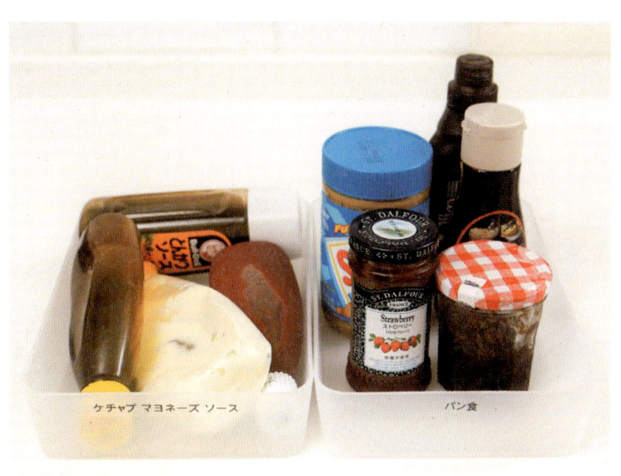

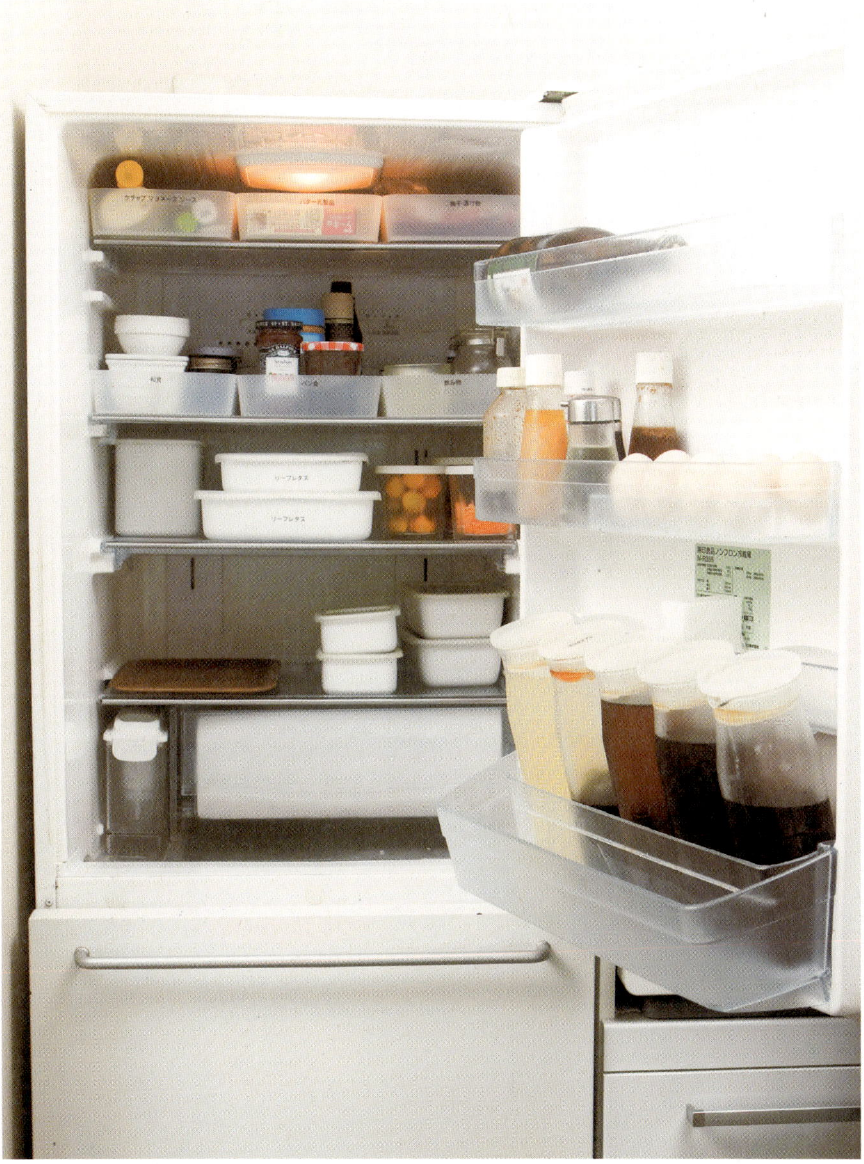

ITEM 14

EVA 파우치

물을 튕겨내는 데다 내구성이 뛰어난 소재를 사용했으므로 여행용 기초 화장품이나 물놀이 도구를 수납하는 가방으로 적합하다.

EVA 파우치(대)
17.5×23×5.5cm

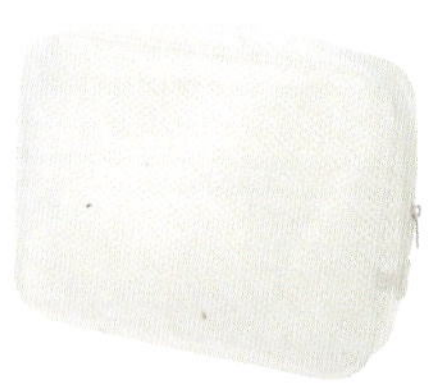

필요할 때마다 파우치를 통째로

무인양품의 EVA 파우치에는 카메라 부품이나 명세서 등 둘 곳이 마땅치 않은 자질구레한 물건들을 보관한다. 틀이 있어서 혼자서도 잘 서 있으므로 사진처럼 세로로 나란히 세워놓고 서랍 대용으로 써도 좋다. 이름표를 붙이면 가족들도 내용물을 쉽게 파악할 수 있다.

은행 업무를 처리할 때도
여행을 떠날 때도
이 파우치 하나면 끝!

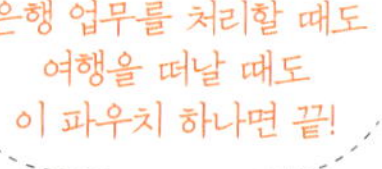

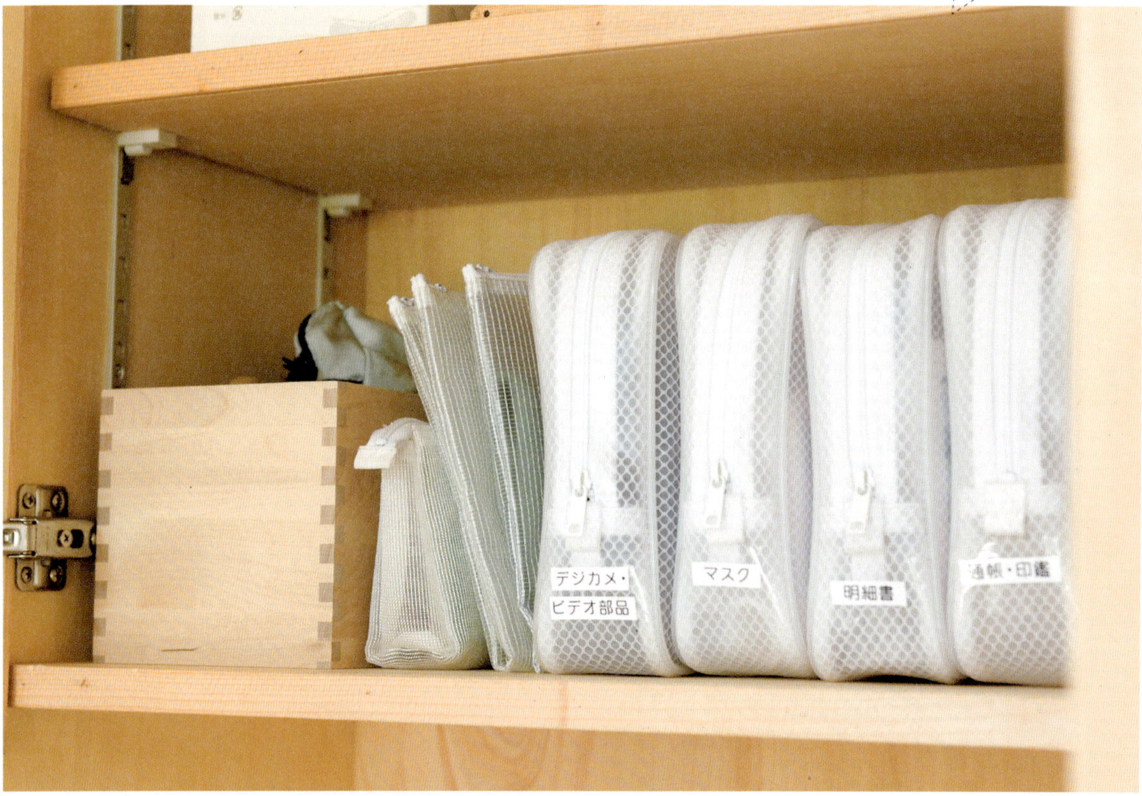

흔들리지 않는 S자 후크

봉에 걸어 쓰는 S자 후크는 조리도구나 수건을 걸어놓기에 편리하다. 무인양품의 S자 후크는 녹이 잘 슬지 않는 스테인리스 재질이다.

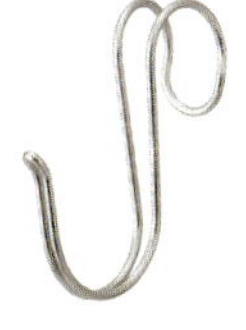

흔들리지 않는 후크(대)
2개 / 직경 16×24mm

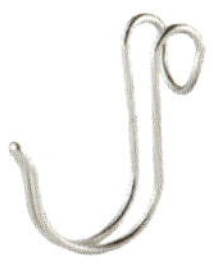

흔들리지 않는 후크(소)
3개 / 직경 9×24mm

자주 쓰거나 보여주고 싶은 조리도구는 걸어서 수납

자주 사용하는 토스터 팬과 계란 팬은 S자 후크를 이용하여 레인지 후드에 걸어 놓았다. 덕분에 바쁜 아침에도 재빨리 식사를 준비할 수 있다. 사용 빈도가 잦아 자주 세척하기 때문에 먼지가 쌓일 염려는 없다.

▶ 흔들리지 않는 후크(소)
※ 단.하중 1kg까지 견디므로 더 무거운 물건은 걸지 말 것. / R. M. 씨의 집(93쪽)

수건걸이 대신 압축 봉과 후크를

탈의실에 목욕 수건을 걸 곳이 없다면 샤워 부스 앞에 압축 봉을 설치하고 후크에 수건을 걸어놓으면 좋다. 세 들어 사는 세대에서도 부담 없이 실천할 수 있는 수납 아이디어다.

▶ 흔들리지 않는 후크(대)

목욕 후 곧바로
물기를 닦을 수 있어서
편리해요!

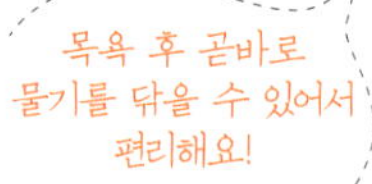

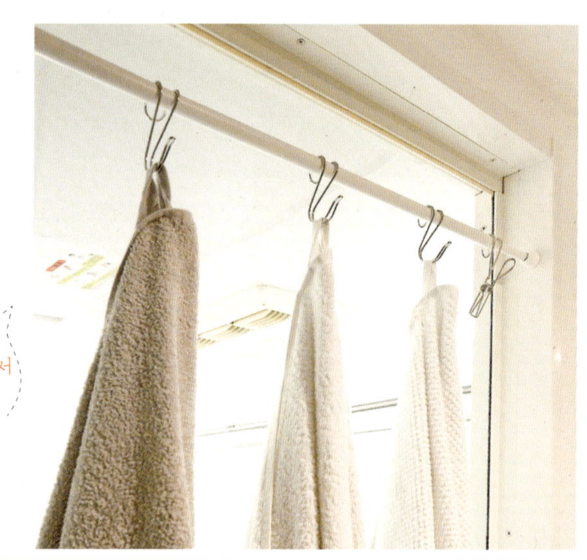

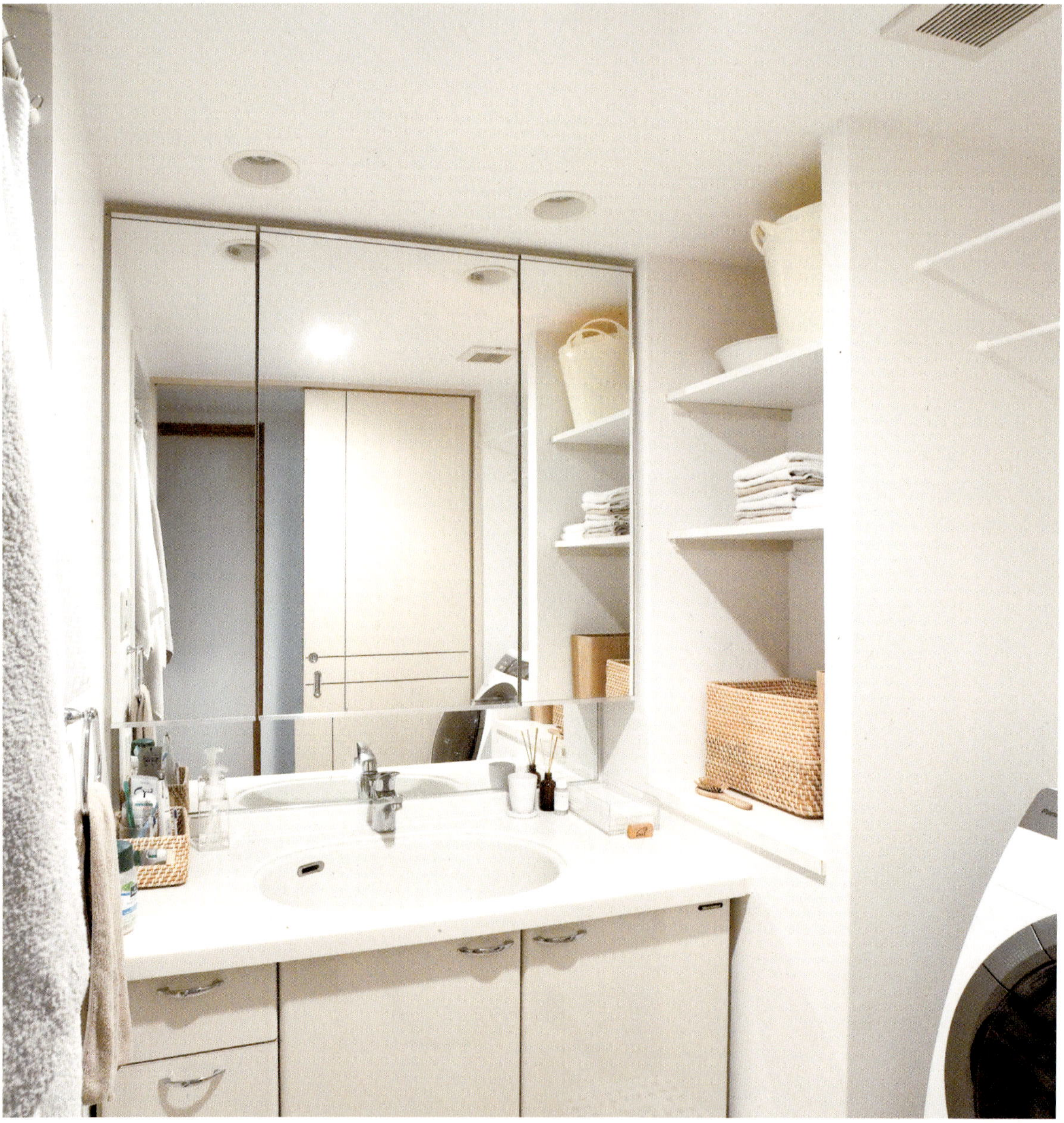